I0131471

Laure Guenin-Macé

Développement du système nerveux chez la drosophile

Laure Guenin-Macé

Développement du système nerveux chez la drosophile

Effets de variations de l'expression du gène prospero

Presses Académiques Francophones

Impressum / Mentions légales
Bibliografische Information der Deutschen Nationalbibliothek: Die Deutsche Nationalbibliothek verzeichnet diese Publikation in der Deutschen Nationalbibliografie; detaillierte bibliografische Daten sind im Internet über http://dnb.d-nb.de abrufbar.
Alle in diesem Buch genannten Marken und Produktnamen unterliegen warenzeichen-, marken- oder patentrechtlichem Schutz bzw. sind Warenzeichen oder eingetragene Warenzeichen der jeweiligen Inhaber. Die Wiedergabe von Marken, Produktnamen, Gebrauchsnamen, Handelsnamen, Warenbezeichnungen u.s.w. in diesem Werk berechtigt auch ohne besondere Kennzeichnung nicht zu der Annahme, dass solche Namen im Sinne der Warenzeichen- und Markenschutzgesetzgebung als frei zu betrachten wären und daher von jedermann benutzt werden dürften.

Information bibliographique publiée par la Deutsche Nationalbibliothek: La Deutsche Nationalbibliothek inscrit cette publication à la Deutsche Nationalbibliografie; des données bibliographiques détaillées sont disponibles sur internet à l'adresse http://dnb.d-nb.de.
Toutes marques et noms de produits mentionnés dans ce livre demeurent sous la protection des marques, des marques déposées et des brevets, et sont des marques ou des marques déposées de leurs détenteurs respectifs. L'utilisation des marques, noms de produits, noms communs, noms commerciaux, descriptions de produits, etc, même sans qu'ils soient mentionnés de façon particulière dans ce livre ne signifie en aucune façon que ces noms peuvent être utilisés sans restriction à l'égard de la législation pour la protection des marques et des marques déposées et pourraient donc être utilisés par quiconque.

Coverbild / Photo de couverture: www.ingimage.com

Verlag / Editeur:
Presses Académiques Francophones
ist ein Imprint der / est une marque déposée de
OmniScriptum GmbH & Co. KG
Heinrich-Böcking-Str. 6-8, 66121 Saarbrücken, Deutschland / Allemagne
Email: info@presses-academiques.com

Herstellung: siehe letzte Seite /
Impression: voir la dernière page
ISBN: 978-3-8416-2695-0

En préambule, je tiens à remercier toutes les personnes qui ont participé de près ou de loin à l'élaboration de ce travail :

Je tiens tout d'abord à remercier **Fawzia Baba-Aissa** qui a dirigé mon travail de thèse. Avec sa gentillesse, son enthousiasme et son énergie, elle a toujours été très disponible pour moi. Grâce à elle, j'ai eu l'opportunité de travailler dans d'autres laboratoires et de rencontrer des personnes formidables qui ont considérablement enrichi mon travail.

Jean-François Ferveur, qui a supervisé ma thèse en apportant sa rigueur scientifique et des conseils pertinents.

Rémy Brossut pour son accueil au sein de l'UMR 5548 CNRS, à l'université de Bourgogne depuis mon stage de DEA.

Je remercie également les membres du jury : **Michel GHO, Yacine GRABA, Rémi Houlgatte, Marie-Laure Parmentier, Eric Solary et Reinhard F. Stocker** qui, malgré leur emploi du temps chargé, m'ont fait l'honneur d'accepter d'évaluer ce travail.

Merci à **Isabelle Chauvel** et **Stéphane Fraîchard** pour leur gentillesse et leur aide au cours de cette dernière année de thèse. Merci aussi à **Laurence Dartevelle** pour les longues heures passées en ma compagnie en salle de transgenèse….à 18°C.

Merci à **Rémi Houlgatte** et **Mahatsangy Raharijaona** sans qui l'analyse des résultats de puces à ADN aurait été insurmontable. Merci pour le temps que vous m'avez consacré et votre accueil chaleureux à Nantes.

Merci à **Josiane Alabouvette** pour son aide technique, ses fabuleuses terrines mais surtout pour sa présence maternelle et attentionnée.

Merci à **Jean-Phillipe Charles, François Bousquet, Georges Alves** et **Gérard Manière** pour leurs corrections et conseils avisés.

Merci à **Fabien Lacaille**, qui a partagé mon bureau avec toute sa bonne humeur et son enthousiasme.

Merci à **Emilie, Anne-Laure, Matthieu, Edgar, Céline, Benjamen, Félicien et Micheline** pour les conversations animées, les soirées, les rires…Bon courage pour votre fin de thèse.

Merci à tous les autres membres du laboratoire qui contribuent aussi aux bons souvenirs que je garderai de cette expérience unique.

Merci à **Anna Lebris** qui par mail interposé a partagé tous mes moments de doute depuis le début de cette thèse.

Enfin je souhaite tout particulièrement remercier **mes parents** qui m'ont beaucoup soutenue et qui m'ont permis d'arriver là où je suis. Un grand merci pour avoir cru en moi et toujours respecté mes choix.

Bien sûr, je n'oublie pas **Olivier Macé**, mon mari, qui a partagé (et supporté) ma vie de thésarde. Merci, pour ton soutien inconditionnel et ta confiance en moi.

SOMMAIRE

1

ABREVIATIONS

aa	amino-acide
ADN	Acide DésoxyriboNucléique
ADNc	ADN complémentaire
ADNg	ADN génomique
AMC	Complexe antenno-maxillaire
ARN	Acide RiboNucléique
ARNm	Acide riboNucléique messager
ATP	Adénine triphosphate
bHLH	basic Helix-Loop-Helix
ch	Organe chordotonal
Ci	Curie
CNV	Chaîne nerveuse ventrale
Ct	Cycle seuil en PCR quantitative
D/V	Dorso-Ventral
dATP	Désoxy Adénine Triphosphate
dCTP	Désoxy Cytosine Triphosphate
dNTP	Désoxy Nucléotide Triphosphate
DO	Densité Optique
DO	Organe Dorsal
DTT	Dithiothréitol
dUTP	Désoxy Uridine Triphosphate
EDTA	Acide Ethylène Diamide Tétraacétique
es	Organe sensoriel externe
F1	Première filiation
GC	Ganglion Cell
GC	Ganglion Cell
GFP	Green Fluorescent Protein
GMC	Ganglion Mother Cell
GO	Gene Onthology
Gr	Récepteur Gustatif
h	Heure
HC	Hémisphères Cérébraux
kb	Kilobase
LB	Milieu de culture bactérien de Luria-Bertani
LG	Cellule Gliale Longitudinale
LIII	Troisième stade larvaire
LO	Lobes Optiques
min	Minute
NB	Neuroblaste
NGB	Neuroglioblaste
pb	Paire de bases
PBS	Phosphate Buffered Saline
PBT	PBS 0.1% triton
PBTA	PBS 1x ; SAB 2 % ; Triton X-100 0,1 % ; azide de sodium 0,02 %
PCR	Réaction de Polymérisation en Chaîne
PFA	Para Formaldéhyde
PI	Précurseur primaire du SNP
PII	Précurseur secondaire du SNP
PIII	Précurseur tertiaire du SNP

5

pNB	Neuroblaste post-embryonnaire
Q-PCR	PCR quantitative
s	Seconde
SDS	Sodium Dodécyl Sulfate
SN	Système Nerveux
SNC	Système Nerveux Central
SNP	Système Nerveux Périphérique
SOP	Sensory Organ Precursor
SSC	0,15M NaCl, 0,015M sodium citrate
TAE	Tris 40 mM ; acide acétique glacial 0,1 % ; EDTA 1 mM
TDT	Terminal Deoxynucleodityl Transferase
TE	Tris 1 M pH 7,5, EDTA 0,5 M
TO	Organe Terminal
TUNEL	TDT-mediated dUTP-biotin NickEnd Labelling
U	Unité
UTR	UnTranslated Region
UV	Ultra Violets

NOMENCLATURE

Ap	*Apterous*
caps	*capricious*
cas	*castor*
cycA	*cycline A*
cycE	*cycline E*
Cyo	*Curlyo* (chromosome balanceur pour le deuxième choromosome)
dap	*dacapo*
dpn	*deadpan*
eve	*evenskipped*
ftz	*fushi-tarazu*
gcm	*glial cell missing*
hb	*hunchback*
kr	*krüple*
lz	*lozenge*
mnb	*minibrain*
N	*notch*
nak	*numb associated kinase*
nej	*nejire*
pnt	*pointed*
pros	*prospero*
pros^V	lignées d'excision *Voila*
Sb	*Stubble*
scrt	*scratch*
sna	*snail*
UAS	*Upstrean Activating Sequence*
V1	*pros^{V1}*
V13	*pros^{V13}*
V14	*pros^{V14}*
V17	*pros^{V17}*
V24	*pros^{V24}*

6

INTRODUCTION

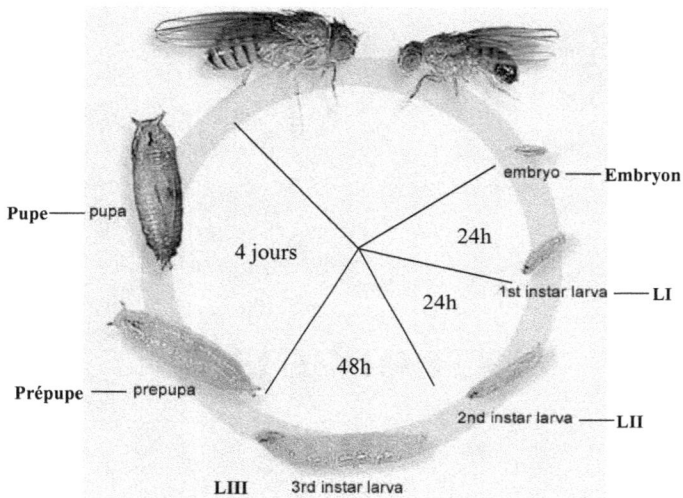

Figure 1: Cycle de développement de la drosophile. (http://flymove.uni-muenster.de/)
A 25°C, le cycle de génération de la drosophile est d'environ deux semaines. Il comprend un stade
embryonnaire d'environ 24h, trois stade larvaires (LI, LII, LIII) au cours desquels la larve va croître et
subir deux mues. Au cours du stade pupal, (environ 4 jours), l'insecte subit une métamorphose
complète. A l'issue de la métamorphose, il y a émergence d'un individu adulte ailé.

Chez les eucaryotes supérieurs, le système nerveux (SN) est le tissu le plus complexe en dépit du fait qu'il n'est composé que de deux types cellulaires : les neurones et les cellules gliales. Chez les mouches, de même que chez les vertébrés, le système nerveux est subdivisé en système nerveux central et périphérique (SNC, SNP).

L'élaboration d'un système nerveux fonctionnel est un processus complexe impliquant des évènements de différenciation, de migration, de prolifération et de mort cellulaire. Chez l'humain, l'étude du système nerveux est ardue en raison de son extrême complexité, de ses fonctionnalités multiples et du nombre de cellules impliquées. Au cours des dernières années, la drosophile a émergé comme un modèle important dans l'étude et la compréhension du développement du système nerveux humain et des maladies neuro-dégénératives qui lui sont inhérentes (Marsh and Thompson, 2004). En effet, 70% des loci responsables de maladies ont un orthologue chez la drosophile (Reiter et al., 2001). Le niveau élevé de conservation, la présence d'un système nerveux complexe dans un organisme pouvant être manipulé génétiquement et la durée du cycle de vie font de la drosophile un modèle idéal.

Drosophila melanogaster, appelée aussi « mouche du vinaigre », est un insecte appartenant à l'ordre des diptères. C'est l'un des organismes les plus étudiés en recherche biologique, notamment, en raison d'un cycle de génération court (9 jours à 25°C, environ 15 jours à 18°C) et des facilités d'élevage qu'il présente.

Le stade embryonnaire dure environ 24 h et se termine par l'éclosion d'une larve de premier stade (LI). L'animal subira deux mues successives qui donneront lieu à un deuxième puis à un troisième stade larvaire (LII et LIII). A la fin du stade LIII, la larve se transforme en pupe ; elle connaît alors une métamorphose complète au cours de laquelle les tissus larvaires sont lysés. Les structures adultes se développent à partir des disques imaginaux (sacs épithéliaux spécialisés) et, à la fin du développement pupal, un nouvel adulte émerge du puparium (fig. 1). L'accouplement est généralement réalisé entre adultes âgés au minimum de 2 à 3 jours ; une femelle pond environ 200 œufs fécondés. La durée de vie moyenne en laboratoire oscille entre 30 et 100 jours selon les conditions d'élevage.

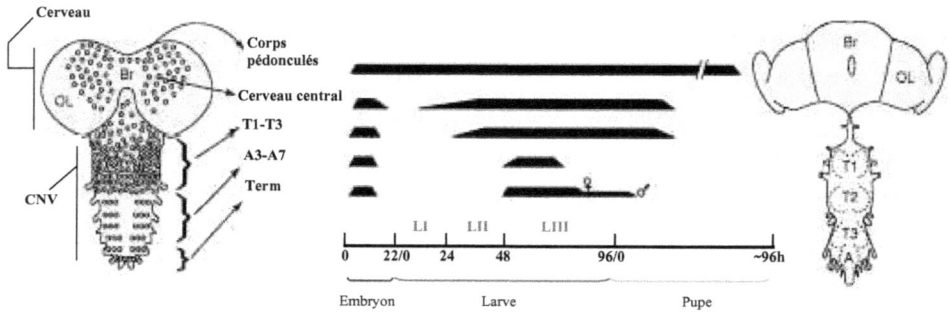

Figure 2: Profil d'activité des neuroblastes le long de l'axe antero-postérieur, au cours du développement (modifié à partir de Truman et Bates, 1988).
Le SNC larvaire comprend un cerveau et une chaîne nerveuse ventrale (CNV). Au dessus de l'axe du temps (en heures), les barres noires indiquent la fenêtre de temps au cours de laquelle les neuroblastes prolifèrent. A gauche est représenté un SNC larvaire, à droite un SNC adulte. A : segment abdominal ; OL : lobes optiques ; T : segments thoraciques ; Term : segments terminaux.

Le génome de *Drosophila melanogaster*, complètement séquencé depuis 2000, comprend 4 paires de chromosomes : une paire de chromosomes sexuels et les chromosomes 2, 3 et 4 pour un nombre total d'environ 14000 gènes.

I. Structure et mise en place du système nerveux chez *Drosophila*.

Au cours du développement du système nerveux, une grande diversité cellulaire est générée d'une manière stéréotypée, par un nombre limité de cellules précurseurs. Pour générer une telle complexité, les individus en cours de développement doivent orchestrer l'expression de nombreux gènes régulateurs avec une grande précision temporelle et spatiale. Ainsi, chez les vertébrés comme chez les invertébrés, les progéniteurs neuronaux donneront des types cellulaires différents, à des temps précis du développement.

Chez *Drosophila*, le système nerveux embryonnaire peut être subdivisé en système nerveux périphérique (SNP) et en système nerveux central (SNC). Le SNP est élaboré à partir de cellules précurseurs appelées SOP (Sensory Organ Precusor) ou PI, tandis que les neuroblastes (NBs) permettront la formation du SNC.

1. Le système nerveux central

Le SNC larvaire est constitué d'un cerveau (comprenant le cerveau central et les lobes optiques) ainsi que d'une chaîne nerveuse ventrale (CNV) (fig. 2). Son développement se fait au cours de deux phases de neurogenèse (embryonnaire et post-embryonnaire), séparées par une phase de quiescence. Ces deux phases contribuent à former le SNC adulte, composé de 10% de cellules d'origine embryonnaire et de 90% de cellules générées au cours des stades larvaire et imaginal (Truman and Bate, 1988).

Au cours de l'embryogenèse, les neuroblastes (NBs) génèrent des lignages de neurones primaires et de cellules gliales qui permettront la construction d'un SNC larvaire fonctionnel. A la fin du stade embryonnaire, et une fois les lignages embryonnaires produits, les NBs quittent le cycle cellulaire pour entrer dans une phase de quiescence (Truman and Bate, 1988). Au cours de cette période, certains NBs sont éliminés par un mécanisme apoptotique faisant intervenir le gène proapoptotique *reaper* (Peterson et al., 2002; White et al., 1994). Suite à cette phase de quiescence, les neuroblastes post- embryonnaires (pNBs)

(A) Stade 8

Région neurogénique

(B) Stade 9

Mésectoderme

Neuroblastes

(C) Stade 17

Cellules de la ligne médiane

Neuroblastes

GMCs

(D) Stade LIII

Neuroblastes post-embryonnaires

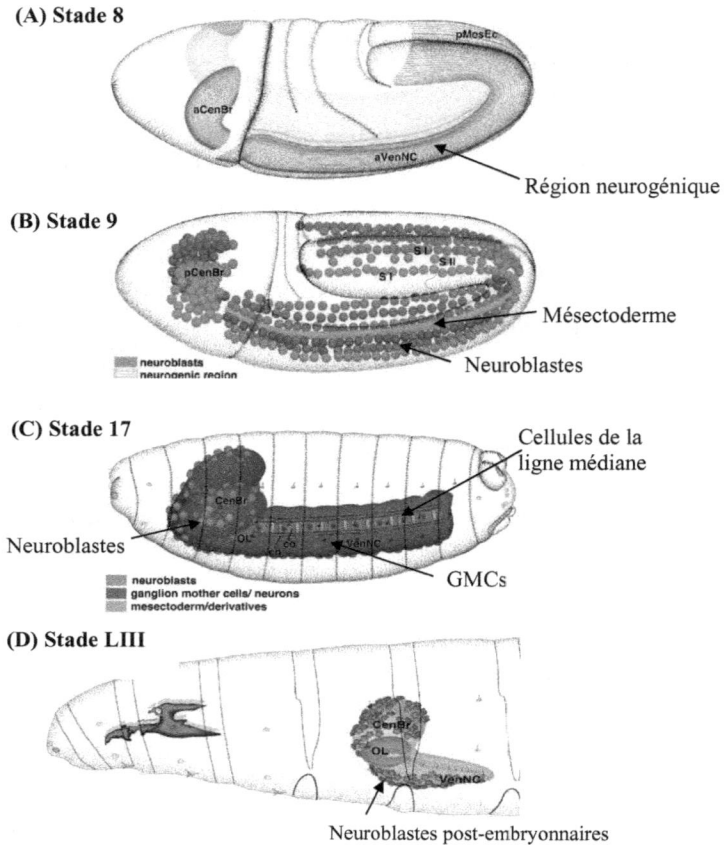

Figure 3: Développement du système nerveux central embryonnaire (d'après "Atlas of *drosophila* development", Hartenstein, 1993)
Les neuroblastes dérivent d'une région spécialisée de l'ectoderme : la région neurogénique. (A) La région ventrale donnera les neuroblastes de la chaîne nerveuse ventrale (CNV), tandis que la région procéphalique donnera le cerveau. Le mésectoderme donnera naissance aux cellules de la ligne médiane. (B) Les neuroblastes commencent à se délaminer de l'ectoderme au stade 9 ; cette délamination se fait en 3 vagues pour la région ventrale (Hartenstein and Campos-Ortega, 1984). (C) Peu après leur ségrégation, les neuroblastes commencent à se diviser ; leurs cellules filles, appelées GMC (ganglion mother cells) donneront naissance aux neurones et cellules gliales. (D) SNC au stade LIII.

réintègrent le cycle cellulaire pour subir à leur tour, des divisions asymétriques. Cette phase de neurogenèse post-embryonnaire est région spécifique et permet, après la phase apoptotique, de modeler le futur SNC adulte (fig. 2) (Truman and Bate, 1988).

1.1. Développement de la CNV embryonnaire

Au cours des dernières années, les travaux menés sur la CNV se sont révélés cruciaux pour élucider les mécanismes moléculaires et génétiques qui contrôlent le développement du système nerveux. En effet, en dépit des différences morphologiques importantes entre vertébrés et invertébrés, il existe des similarités remarquables au niveau de ces mécanismes.

Comparativement au cerveau, la structure de la CNV embryonnaire est relativement simple. Elle se compose d'une série d'unités répétées appelées neuromères (8 abdominaux, 3 thoraciques et 3 terminaux), divisées en deux hémisegments. La CNV est formée à partir d'une région ventro-latérale neurogénique, constituée de cellules neurectodermales. Ces cellules ont le potentiel de devenir soit des précurseurs neuronaux (neuroblastes, NB) soit des précurseurs de cellules épidermiques (fig. 3A).

Au cours de l'embryogénèse précoce, des cellules neurectodermales avec un potentiel neuroblastique, se délaminent de la surface de l'ectoderme selon un profil déterminé puis migrent vers l'intérieur de l'embryon. Environ 30 NBs sont générés dans chaque hémisegment, au cours de cinq vagues successives, le long des axes antéro-postérieur et dorso-ventral (Bossing et al., 1996; Doe, 1992; Hartenstein and Campos-Ortega, 1984; Schmidt et al., 1997). Peu après leur ségrégation, chaque NB se divise de manière asymétrique selon un axe apico-basal pour générer un nouveau NB et un précurseur secondaire de plus petite taille, appelé GMC (ganglion mother cells). La GMC se divisera une seule fois pour produire deux neurones et /ou cellules gliales. A la fin de l'embryogenèse, chaque hémisegment est constitué d'environ 320 neurones et 30 cellules gliales (Broadus et al., 1995; Campos-Ortega and Hartenstein, 1997; Doe, 1992) (fig. 3B, C).

Une seconde population réduite de progéniteurs, dérive de deux rangées de cellules qui se délaminent du mésectoderme (fig. 3B). Ces progéniteurs produiront les cellules de la ligne médiane de la CNV qui consistent en un petit nombre de neurones et de cellules gliales (Bossing and Technau, 1994; Goodman and Doe, 1993; Klämbt et al., 1991).

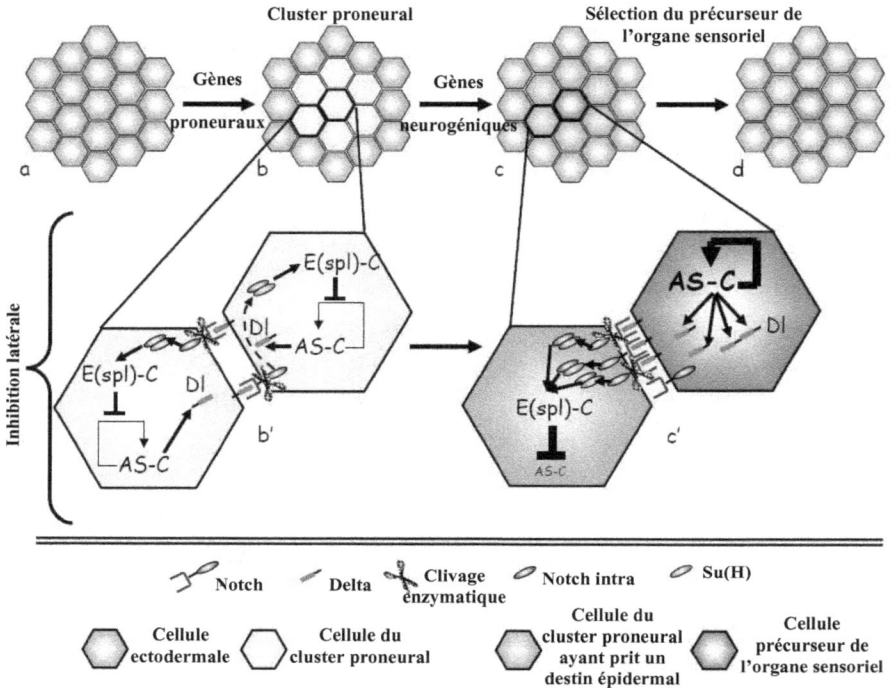

Figure 4 : Processus d'inhibition latérale aboutissant à la détermination du neuroblaste (d'après Benoit Aigouy, thèse de doctorat 2006).
Dans l'ectoderme, un groupe de cellules exprime les gènes proneuraux (a) et acquière une compétence neurale (cellules jaunes en b). Dans ce groupe de cellules équivalentes, une seule cellule est sélectionnée par le processus d'inhibition latérale pour adopter un destin neural (c-d); cette cellule continue à exprimer les gènes proneuraux (c). Les autres cellules sont inhibées par le futur précurseur d'organe sensoriel et prennent un destin épidermique. L'inhibition latérale implique les gènes neurogéniques constituant la voie Notch. Après liaison à son ligand Delta, le récepteur Notch est clivé (b') et active la transcription des gènes E(spl)-C par l'intermédiaire de Su(H). Les gènes E(spl)-C répriment les gènes proneuraux (qui promeuvent l'activité de Delta) (b'). Cette boucle de régulation aboutit à la sélection d'une cellule exprimant un niveau élevé des gènes proneuraux et donnera le NB. Les cellules voisines qui expriment alors un niveau élévé de E(spl)-C adoptent un destin épidermique.

1.2. Mécanismes génétiques à l'origine de la formation des neuroblastes

Chaque neuroblaste est formé dans le neurectoderme selon un modèle spatio-temporel précis. La séparation des progéniteurs neuraux et épidermiques est contrôlée par deux groupes de gènes : les gènes proneuraux et les gènes neurogéniques qui constituent la voie de signalisation Notch (Jimenez and Campos-Ortega, 1990; Skeath and Carroll, 1992).

Dans un premier temps, les gènes proneuraux confèrent le potentiel de « destin neural », à des petits groupes de 4 à 6 cellules neurectodermales appelés groupes d'équivalence (ou clusters proneuraux) (Ghysen and Dambly-Chaudiere, 1989). Les gènes proneuraux sont nécessaires et suffisants pour initier le processus de différenciation des neuroblastes dans le neurectoderme. Ils codent des facteurs de transcription avec un domaine basique de type hélice-boucle-hélice (bHLH) et appartiennent au complexe *achaete-scute* (AS-C) comprenant *achaete, scute, lethal of scute* et *asense* (Campuzano and Modolell, 1992; Ghysen and Dambly-Chaudiere, 1989). L'expression des gènes AS-C confère à toutes les cellules du cluster proneural, le potentiel de devenir un neuroblaste. Dans chaque groupe d'équivalence, la cellule exprimant le niveau le plus élevé des gènes *ac/sc* sera orientée vers un destin neuroblastique. Elle empêche alors les cellules voisines de devenir des neuroblastes par un processus d'inhibition latérale médié par les gènes neurogéniques et en particulier *notch* et *delta*.

La voie Notch est initiée par Delta (ligand de Notch) sur les cellules voisines (Artavanis-Tsakonas et al., 1999; Kopan, 2002). L'interaction Notch/Delta induit un clivage de Notch ; le domaine intracellulaire de Notch (Notch ^{intra}) est transloqué dans le noyau. Par interaction avec Su(H) et Mastermind, Notch ^{intra} active la transcription des gènes appartenant au complexe *enhancer of split* E(spl)-C, qui répriment de manière directe, l'expression des gènes proneuraux. Ce mécanisme permet de restreindre l'expression des gènes proneuraux à une seule cellule par groupe d'équivalence, celle-ci deviendra le NB (fig. 4).

1.3. Identité des neuroblastes

Chaque neuroblaste acquiert un destin unique, déterminé par le moment et la position de sa délamination du neurectoderme, de même que par la combinaison de gènes qu'il exprime (Broadus et al., 1995; Doe, 1992). Ainsi, chaque neuroblaste produit un lignage unique et invariant, comprenant un nombre caractéristique de neurones et de cellules gliales

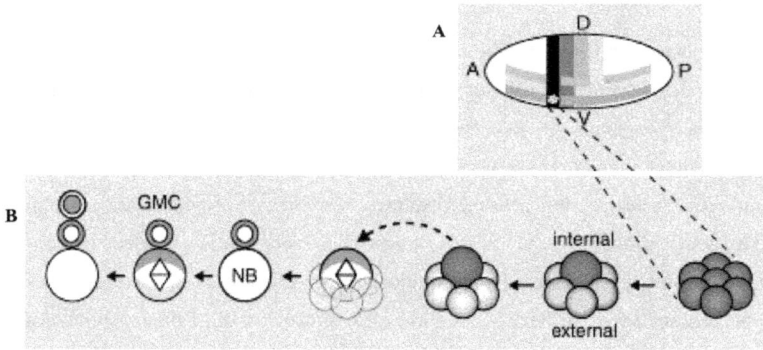

Figure 5 : Formation des neuroblastes au sein du neurectoderme (D'après Skeath et Thor, 2003) (A) Dans l'embryon précoce, des cascades de gènes agissent en gradients le long des axes antéro-postérieur et dorso-ventral. Ces évènements conduisent à la subdivision du neurectoderme et déterminent des petits groupes de cellules ou groupes d'équivalence (point blanc). Chaque groupe d'équivalence exprime une combinaison unique de gènes. (B) Dans chaque groupe d'équivalence, les gènes du groupe *as/sc* (en rouge) s'expriment d'abord d'une manière uniforme. L'inhibition latérale médiée par Notch et Delta permet la différenciation d'un seul neuroblaste (NB) en supprimant l'expression des gènes *as/sc* dans les cellules voisines. Le neuroblaste se délamine et migre vers la région interne formant la CNV. Il commence alors une série de divisions asymétriques. Prospero (orange) ségrège dans la cellule fille GMC, sa translocation dans le noyau permet de limiter le potentiel prolifératif de la GMC.

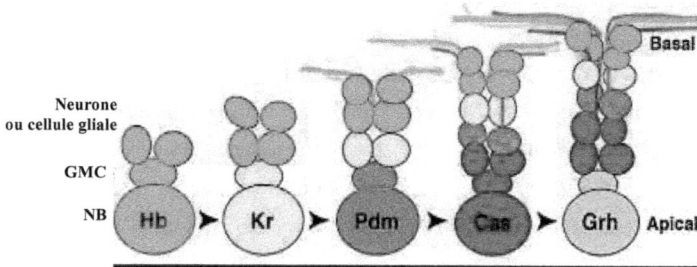

Figure 6 : Expression séquentielle des gènes de la cascade temporelle, dans un lignage neuroblastique de la CNV embryonnaire. (D'après Odenwald, 2005) Les neuroblastes (NB) expriment séquentiellement les facteurs de transcription *hb→Kr→Pdm→Cas→Grh* (les flèches indiquent le changement d'expression au sein d'un NB). La GMC, issue de la division du NB, exprime le gène d'identité temporel présent dans le NB au moment de son émergence. Les neurones et cellules gliales issus de la GMC expriment aussi ces facteurs de manière transitoire. Les cellules exprimant *hb* générées en premier, sont poussées plus profondément au sein de la CNV par les cellules apparues plus tardivement.

(Bossing et al., 1996; Schmidt et al., 1997). Le destin des neuroblastes est spécifié par les gènes exprimés dans les clusters proneuraux qui leur donneront naissance (Udolph et al., 1995). En effet, chaque cluster proneural exprime une combinaison de gènes unique qui dépend de sa position dans le neurectoderme. Les informations de position sont fournies par l'activité des gènes de polarité segmentaire (tels que *wingless, hedgehog, engrailed...*) qui confèrent une orientation antéro-postérieure et subdivisent chaque segment selon un patron identique de lignes parallèles (Nusslein-Volhard and Wieschaus, 1980). L'axe dorso-ventral est subdivisé en trois colonnes adjacentes, chacune exprime des niveaux différents d'au moins quatre gènes (*vnd, ind, msh et DER*) (fig. 5) (Isshiki et al., 1997; Skeath et al., 1994; Udolph et al., 1998). Ainsi, chaque NB peut être identifié individuellement dans la CNV au cours du développement, par la combinaison de gènes qu'il exprime (Broadus et al., 1995). Il produit une progéniture reproductible selon une séquence temporelle invariante (Bossing et al., 1996; Schmidt et al., 1997) déterminée par l'expression séquentielle des facteurs de transcription *hunchback (Hb), Krüppel (Kr), Pdm, Castor (cas)* puis *Grainyhead (Gh)* (Brody and Odenwald, 2000; Isshiki et al., 2001). Ces gènes sont exprimés consécutivement dans un neuroblaste donné pendant une période de temps déterminée. A la fin de chaque période, l'expression du gène d'identité temporelle donné est stoppée dans le neuroblaste mais perdure dans la cellule GMC nouvellement formée et sa descendance (fig. 6).

1.4. Division asymétrique des neuroblastes

Après sa délamination, chaque neuroblaste subit une série de divisions asymétriques répétées, orientées selon un plan apico-basal, permettant de générer deux cellules filles différentes : une petite cellule GMC basale et un large neuroblaste apical (fig. 7). Cette asymétrie est le résultat de l'action de facteurs extrinsèques (par exemple la voie d'inhibition latérale médiée par Notch) ou bien de facteurs intrinsèques (ségrégation inégale de déterminants dans les cellules filles) (Horvitz and Herskowitz, 1992), la protéine Prospero est l'un de ces déterminants. Le gène *prospero* est transcrit et traduit dans le neuroblaste où il reste cytoplasmique ; la protéine est ensuite localisée de manière asymétrique au niveau du cortex basal par l'intermédiaire de la protéine Miranda (Ikeshima-Kataoka et al., 1997; Shen et al., 1998). A l'issue de la division du NB, seule la GMC hérite de la totalité de la protéine Prospero (Hirata et al., 1995; Knoblich et al., 1995; Spana and Doe, 1995) (fig. 7). Après translocation dans le noyau, Prospero active l'expression des gènes GMC-spécifiques tels que

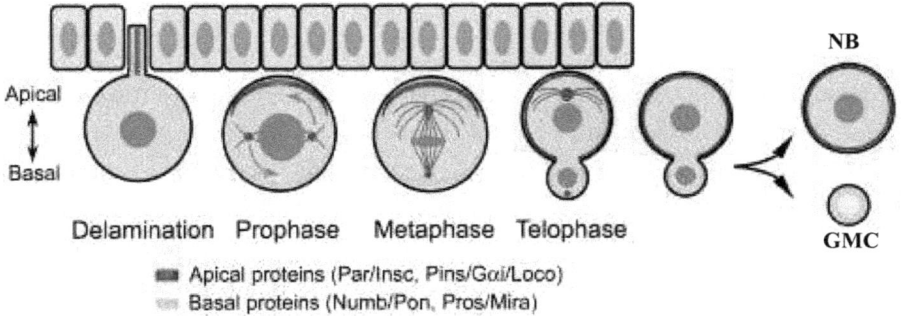

Delamination   Prophase   Metaphase   Telophase

■■ Apical proteins (Par/Insc, Pins/Gαi/Loco)
▒ Basal proteins (Numb/Pon, Pros/Mira)

NB

GMC

Figure 7 : Division asymétrique des neuroblastes (d'après Yu et coll., 2006)
Après délamination de l'ectoderme, chaque neuroblaste subit une série de divisions asymétriques
répétées, orientées selon un plan apico-basal. La protéine Pros localisée au niveau du cortex basal par
l'intermédiaire de la protéine adaptatrice Miranda, est héritée par la cellule GMC issue de la division
asymétrique. Pros est rapidement transloqué dans le noyau. Le neuroblaste se divisera un nombre
définis de fois, tandis que la GMC se divisera une seule fois pour générer deux cellules post-
mitotiques (neurones et/ou cellule gliale). NB : Neuroblaste ; GMC : Ganglion Mother Cell.

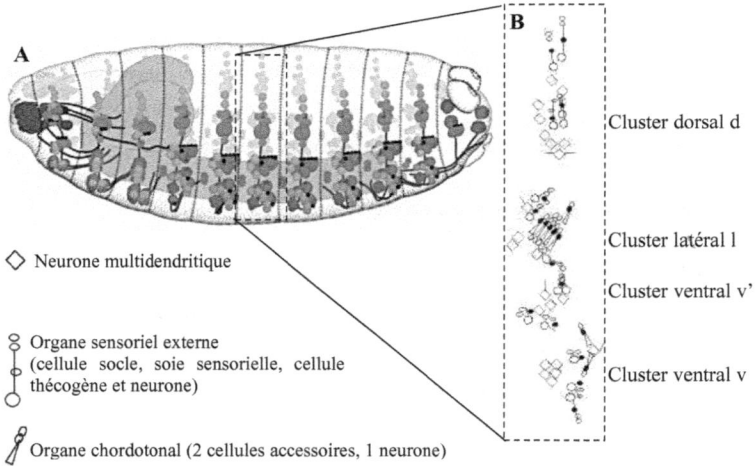

◇ Neurone multidendritique

⦦ Organe sensoriel externe
(cellule socle, soie sensorielle, cellule
thécogène et neurone)

⦙ Organe chordotonal (2 cellules accessoires, 1 neurone)

Cluster dorsal d

Cluster latéral l

Cluster ventral v'

Cluster ventral v

Figure 8 : Organes sensoriels au niveau des segments abdominaux (d'après "Atlas of Drosophila
development" Hartenstein, 1993).
(A) Système nerveux périphérique chez l'embryon de stade 17. (B) Organes sensoriels au niveau des
segments A1 à A7 (FlyPNS http://www.princeton.edu/~vorgogoz/FlyPNS/PNSorganization0.html).
Au niveau de chaque segment, on trouve des organes sensoriels externes, des organes chordotonaux
(ou tenso-récepteurs) et des neurones multidendritiques. Ces organes sont regroupés en 4 clusters :
dorsal (d), latéral (l), ventral (v) et (v'). Pros (en noir) s'accumule dans les cellules thécogènes des
organes sensoriels externes et dans les cellules scolopales des organes chordotonaux (Doe et al., 1991;
Vaessin et al., 1991).

18

even-skipped et fushi tarazu (Doe et al., 1991) et réprime les gènes neuroblastiques *asense* et *deadpan* (Vaessin et al., 1991). D'autre part, Pros réprime les gènes du cycle cellulaire, limitant ainsi le potentiel de prolifération de la GMC (Li and Vaessin, 2000). Le neuroblaste continue à se diviser sur ce mode de cellule souche tandis que chaque GMC se divisera une seule fois pour générer des neurones et/ou cellules gliales (Goodman and Doe, 1993). On distingue plusieurs classes de neuroblastes selon les lignages qu'ils engendrent. Ainsi, les neuroblastes donneront uniquement des neurones, les glioblastes, uniquement des cellules gliales, tandis que les neuroglioblastes produisent des lignages mixtes. Pour des raisons sans doute historiques, ces cellules précurseurs du SNC sont rassemblées sous le nom de « neuroblastes ».

2. Le système nerveux périphérique

Le système nerveux périphérique (SNP) constitue le système de perception sensorielle de l'insecte avec le milieu extérieur. Il convertit les informations en provenance de l'environnement en messages nerveux qui seront interprétés au niveau du SNC. Le SNP est constitué d'organes sensoriels internes et externes. Les organes externes sont spécialisés dans la mécano- et la chimioréception et présentent une structure cuticulaire externe (soie sensorielle ou dôme), alors que les organes sensoriels internes (appelés aussi chordotonaux) sont des récepteurs sensibles à l'étirement ou des propriocepteurs. Chaque organe sensoriel est produit à partir d'une cellule précurseur unique appelée SOP ou PI, par une série de divisons asymétriques générant un nombre déterminé de neurones et de cellules accessoires. La drosophile possède un SNP larvaire, formé au cours de l'embryogenèse, et un SNP adulte.

2.1. Description du SNP larvaire

Le SNP larvaire (fig.8) est organisé de manière stéréotypée au niveau de chaque segment ; celui-ci a été particulièrement étudié au niveau des segments abdominaux (A1-A7). Le SNP abdominal est constitué d'un nombre constant de neurones et de cellules associées, dont la position et les caractéristiques ont été largement décrites (Bodmer and Jan, 1987; Campos-Ortega, 1995). Trois types d'organes sensoriels le composent : les organes sensoriels externes (es), les organes chordotonaux (ch) et les neurones multidendritiques (md). Les

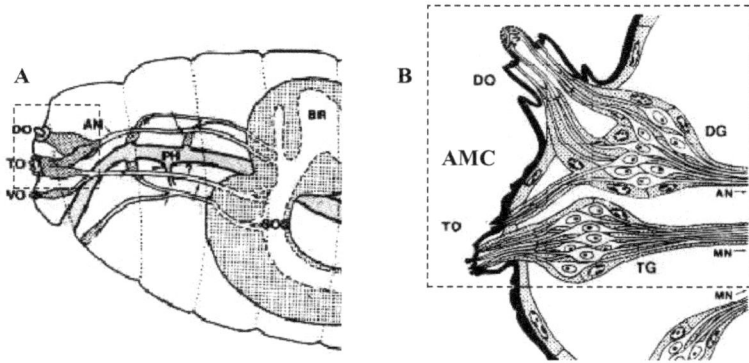

Figure 9 : Représentation schématique du complexe antenno-maxillaire (AMC) (d'après Stocker, 1994) (A) L'AMC (encadré), impliqué dans la gustation chez la larve est constitué de l'organe dorsal (DO) et de l'organe terminal (TO). (B) Les corps cellulaires des neurones du DO sont groupés dans un ganglion dorsal (DG). Le TO contient deux groupes de neurones : ceux dont les corps cellulaires sont situés dans le DG et ceux situés dans le ganglion terminal (TG). Dans le DO, la sensille du dome (DM) serait impliquée dans l'olfaction tandis que les sensilles périphériques (PC) auraient un rôle de récepteur gustatif, comme les sensilles du TO.

20

organes es et ch sont constitués d'un ou plusieurs neurones associés à des cellules accessoires. L'organe es transmet des informations mécano-sensorielles, chimio-sensorielles et probablement des informations d'étirement (Green and Hartenstein, 1997). Les organes ch fonctionneraient comme des proprio-récepteurs (Jan and Jan, 1993). Enfin, les organes multidendritiques ne sont pas associés à des cellules accessoires et pourraient fonctionner comme des proprio-, chimio- thermo- ou noci-récepteurs (Bodmer et al., 1987).

Les organes chimiosensoriels, impliqués dans la gustation et l'olfaction chez la larve sont situés principalement dans la région antérieure, en avant des crochets (fig. 9). L'organe dorsal (DO) et l'organe terminal (TO) forment le complexe antenno-maxillaire (AMC) impliqué dans la gustation larvaire (Chu-Wang and Axtell, 1972a; Chu-Wang and Axtell, 1972b; Stocker, 1994).

- Le DO est constitué de sept sensilles différentes : la sensille du dôme et les six sensilles périphériques (Frederick and Denell, 1982; Singh and Singh, 1984; Stocker, 1994). La structure de la sensille du dôme du DO, contient de nombreux pores et constitue la seule structure connue à avoir une fonction olfactive chez la larve (Oppliger et al., 2000; Stocker, 1994). Les six sensilles périphériques sont terminées par un pore unique et sont interprétées comme étant des récepteurs gustatifs (Chu-Wang and Axtell, 1972). Tous les corps cellulaires des neurones (35 à 40) et cellules thécogènes sont regroupés dans un ganglion dorsal (Stocker, 1994) (fig. 9 B).

- Le TO comprend au moins 6 types différents de sensilles qui présentent un seul pore et seraient plutôt des récepteurs gustatifs (Chu-Wang and Axtell, 1972a; Chu-Wang and Axtell, 1972b). Les neurones des sensilles sont arrangés en deux groupes distincts : le groupe dorso-latéral dont les corps cellulaires (entre 1 et 5) sont situés dans le ganglion de l'organe dorsal et le groupe distal dont les corps cellulaires (environ 35) sont regroupés dans un ganglion terminal (fig. 9 B) (Frederick and Denell, 1982; Singh and Singh, 1984).

2.2. Mise en place du SNP embryonnaire

Au cours de l'embryogenèse précoce, l'expression des gènes proneuraux au niveau de régions particulières de l'ectoderme (clusters proneuraux) confère aux cellules la capacité de devenir des précurseurs d'organe sensoriel (Ghysen and Dambly-Chaudiere, 1989). Une fois le cluster proneural formé, une cellule unique est sélectionnée pour devenir une SOP par un processus d'inhibition latérale médié par la voie Notch (Hartenstein and Posakony, 1990). Les

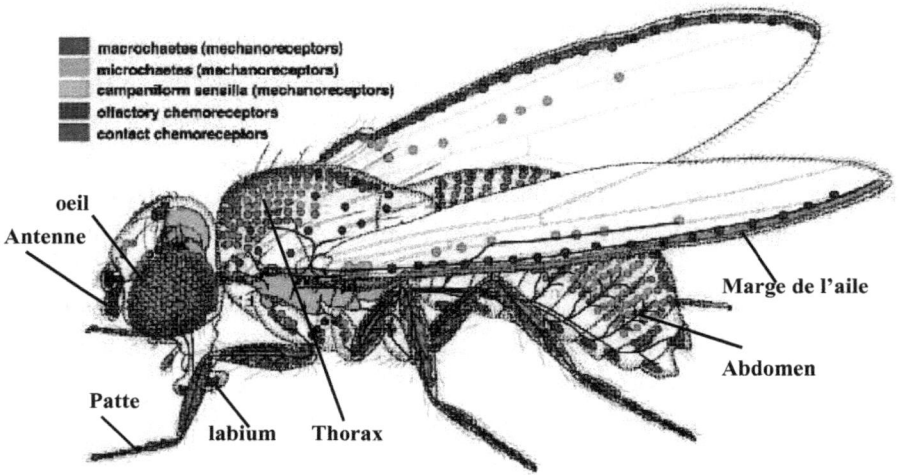

Figure 10 : Système nerveux périphérique adulte (Hartenstein, 1993).

mécanismes de détermination de la SOP sont proches de ceux permettant la détermination des NBs (voir fig. 4).

Au cours des stades embryonnaires 11 et 12, les SOPs subissent des divisions asymétriques pour produire les cellules composant les sensilles (Bodmer et al., 1987). Lors des stades 14 et 15, les axones sensoriels des neurones du SNP nouvellement formés croissent en direction du SNC pour s'y connecter. Au stade 17, tous les organes sont différenciés, les axones sensoriels ont rejoint leur cible dans le SNC en même temps que les axones moteurs se sont connectés à la musculature. Ainsi, dès le milieu du stade 17, l'embryon peut commencer à effectuer des mouvements. La structure des organes sensoriels de la larve reste inchangée au cours des trois stades larvaires (Campos-Ortega and Hartenstein, 1997). Les cellules gliales périphériques sont, quant à elles, issues de neuroglioblastes du SNC embryonnaire. Elles atteignent leur position finale en migrant le long des axones (Schmidt et al., 1997).

2.3. Description du SNP adulte

Le SNP de l'adulte est constitué d'organes sensoriels plus variés et complexes que ceux de la larve (fig. 10). Ils permettent la gustation, l'olfaction, la vision, l'audition, la mécanoperception et la proprioception de la mouche. Les organes mécanosensoriels et propriocepteurs, capables de détecter des signaux mécaniques, se situent principalement au niveau de l'abdomen, du thorax, des pattes et des ailes. Au niveau du thorax, ils sont de deux types : les microchaetes (environ 200) et les macrochaetes (22), réparties suivant une topographie reproductible d'un individu à l'autre (Guo et al., 1996; Reddy and Rodrigues, 1999b; Schweisguth and Posakony, 1994; Wang et al., 1997). Les organes chordotonaux, présents sous la cuticule, se trouvent généralement au niveau des articulations des antennes, des pattes, de l'abdomen, de la tête, et des ailes ; ils sont sensibles à l'étirement (propriocepteurs). Le système gustatif de l'adulte se compose de sensilles chimiosensorielles externes, localisées au niveau du labium, des pattes, de la marge de l'aile et des génitalia de la femelle (fig. 10).

2.4. Gustation

Chez l'adulte, les deux palpes labiaux localisés à l'extrémité terminale du proboscis constituent les organes gustatifs principaux. Chaque palpe est couvert de 31 sensilles de différentes classes, constituées de deux ou quatre neurones gustatifs (Stocker, 1994). Les

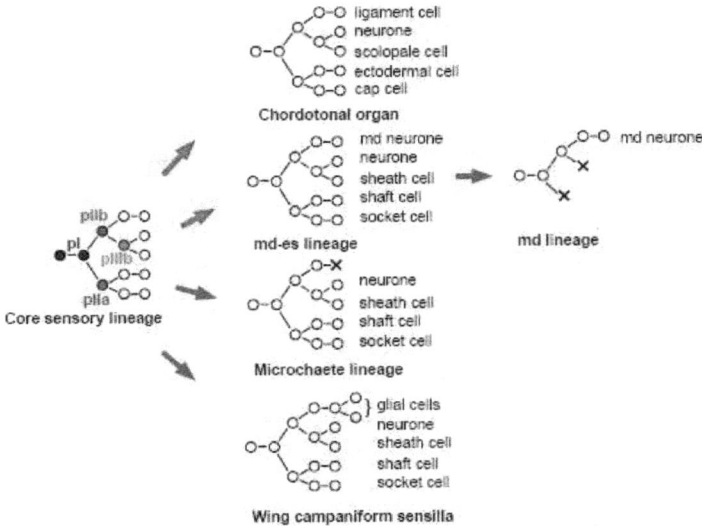

O–O ligament cell
O neurone
O scolopale cell
O–O ectodermal cell
O–O cap cell

Chordotonal organ

O–O md neurone
O neurone
O sheath cell
O–O shaft cell
O–O socket cell

md-es lineage

O–O md neurone

md lineage

O–X
O neurone
O sheath cell
O–O shaft cell
O–O socket cell

Microchaete lineage

pIIb O–O
pI
pIIIb
pIIa O–O
Core sensory lineage

} glial cells
neurone
sheath cell
shaft cell
socket cell

Wing campaniform sensilla

Figure 11 : Lignage base des organes sensoriels chez *Drosophila* et création de diversité (Fichelson and Gho, 2003). Dans le lignage de base (à gauche), la division de PI génère deux précurseurs secondaires PIIa et PIIb. PIIb subit deux cycles de division pour produire trois cellules filles ; PIIa subit une seule division générant deux cellules filles. La diversité des organes sensoriels a été créée par modification de ce lignage basal. Le premier processus consiste en une modification de l'identité cellulaire sans altération de la configuration du modèle de base (flèches rouges), le deuxième modifie ce modèle sans changement important d'identité des cellules (flèches bleues).

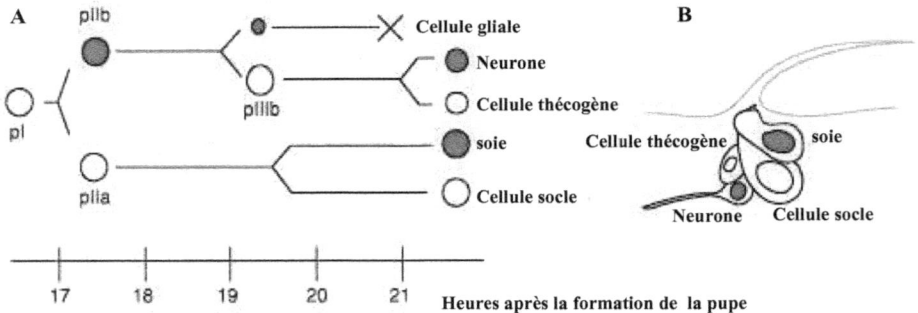

A pIIb
pI
pIIIb
pIIa

X Cellule gliale
Neurone
Cellule thécogène
soie
Cellule socle

B

Cellule thécogène
soie
Neurone
Cellule socle

17 18 19 20 21 **Heures après la formation de la pupe**

Figure 12 : Lignage générant les cellules composant les soies mécanosensorielles sur le thorax de l'adulte (d'après Fichelson et coll., 2005).
(A) Divisions cellulaires à l'origine d'une soie mécanosensorielle. (B) Organisation des cellules d'une soie mécano-sensorielle. La division de PIIb (antérieure à PIIa) produit une cellule gliale et un progéniteur tertiaire pIIIb. PIIa se divise pour donner une cellule socle et une soie sensorielle. PIIIb produit un neurone et une cellule thécogène. Fichelson et Gho (2003) ont montré que dans cet organe, la cellule gliale générée par PIIb est éliminée par apoptose. Les cellules en rouge sont celles qui héritent spécifiquement de Numb et dans lesquelles le signal Notch est inhibé. La voie notch est activée dans les cellules socle et thécogène ; elle est inhibée dans le neurone et la soie.

24

sensilles gustatives ont un pore terminal permettant un accès direct des substances aux neurones récepteurs du goût (Nayak and Singh, 1983). Les récepteurs gustatifs appartiennent à une famille de récepteurs couplés à des protéines G (GR) (Clyne et al., 2000). Cette famille comprend au moins 56 gènes, dont certains sont exprimés dans l'AMC larvaire (Scott et al., 2001). Ainsi, l'expression des gènes codant les récepteurs Gr2B1, Gr21D1, Gr28A3, Gr32D1 et Gr66C1 a été mise en évidence dans l'organe terminal de l'AMC. La plupart sont exprimés dans un neurone unique suggérant que les neurones gustatifs larvaires expriment différents compléments de récepteurs afin de répondre à des stimulations chimiques différentes (Scott et al., 2001).

2.5. Développement du SNP adulte

A part quelques exceptions (Shepherd and Smith, 1996; Tissot et al., 1997; Tix et al., 1989; Williams and Shepherd, 1999), l'ensemble du SNP larvaire dégénère pendant la métamorphose. Les premiers précurseurs des sensilles adultes sont produits au cours du stade LIII tardif, à partir des disques imaginaux (des "amas" de cellules à l'origine de la majeure partie des organes sensoriels de l'adulte) (Tissot and Stocker, 2000). Le profil de division et de différenciation des précurseurs des organes sensoriels adultes reste relativement similaire à celui des embryons (Hartenstein and Posakony, 1989; Orgogozo et al., 2001).

Fichelson et Gho (2003) ont suggéré que les organes sensoriels sont des structures homologues élaborées selon un profil de division commun. Selon ces auteurs, tous les organes sensoriels sont produits à partir d'un précurseur primaire PI (aussi appelé SOP : sensory organ Precursor) qui se divise pour donner deux précurseurs secondaires PIIa et PIIb. PIIb produira deux cellules internes ainsi qu'une cellule supplémentaire à l'issue de deux cycles de division, tandis que PIIa subira une seule division pour donner deux cellules externes. La diversité des organes sensoriels issus de ces divisions, provient de la modification de ce profil de division basal, par modification de l'identité de cellule sans changement du modèle de division ou bien par ajout de complexité au modèle de division (fig. 11).

Les organes mécanosensoriels situés sur le thorax de l'adulte et appelés microchaetes, constituent un modèle d'étude privilégié pour comprendre les mécanismes de division et de détermination dans le SNP (Jan and Jan, 1998). Les microchaetes sont formés de deux cellules de soutien externes, la cellule trichogène qui produit la soie sensorielle et la cellule tormogène, et de deux cellules internes : le neurone et la cellule thécogène (fig. 12B) (Hartenstein and Posakony, 1989). Suite à la division de la cellule précurseur, PIIb se divise

25

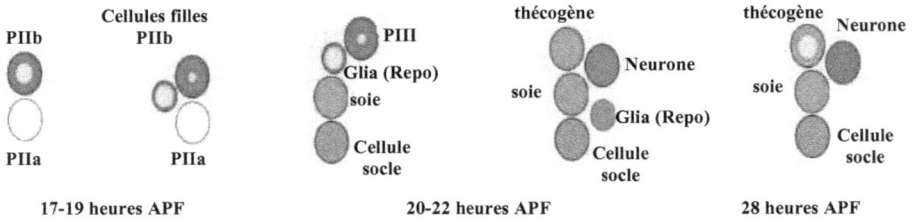

Figure 13 : Expression de Pros dans les cellules du lignage constituant la soie mécanosensorielle (d'après Reddy et Rodrigues 1999a).
Suite à la division de PI, PIIB exprime les marqueurs nucléaires Pros (jaune) et Elav (rouge), Ils sont relocalisé dans le cytoplasme avant la division inégale de PIIB. Repo commence à être exprimé dans la cellule fille qui a hérité de la plus grande quantité de Pros et d'un faible niveau d'Elav. La cellule PIIIb est caractérisée par un faible niveau de Pros et un marquage Elav fort. Elle se divise de manière inégale pour produire une cellule thécogène qui continue à exprimer Pros et un neurone (marqué par Elav) dans lequel le signal Pros disparaît rapidement. APF : après formation du pmuparium.

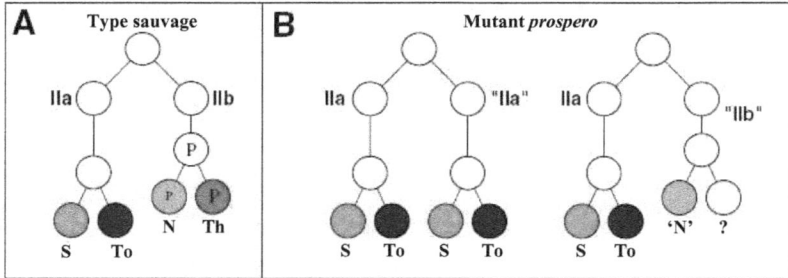

Figure 14 : Effet d'une perte de fonction de *pros* sur le lignage d'une soie mécanosensorielle (d'après Manning et Doe, 1999).
(A) Lignage généré par un précurseur de type sauvage : sa division produit les précurseurs secondaires PIIa et PIIb ; PIIb se divise en premier pour générer un neurone (N, orange) et une cellule thécogène (Th, rouge) ; PIIa produit une cellule trichogène (S, bleu clair) et une cellule tormogène (To, bleu foncé). Pros (P) est détecté en premier dans PIIb et est hérité par le neurone et la cellule thécogène qui maintient un niveau élevé de Pros. (B) Lignages produits par des précurseurs *pros-*. Dans la minorité des organes sensoriels situés sur le thorax de l'adulte, se produit une conversion PIIb en PIIa résultant en un organe avec des cellules externes dupliquées (à gauche). Dans les autres organes, il y a une seule structure externe est associée à un neurone dont la morphologie axonale et dendritique est altérée. Le destin de la cellule thécogène est inconnu (?).

26

avant PIIa pour générer une cellule gliale et un précurseur tertiaire pIIIb. La division de pIIa produit les cellules externes (trichogène et tormogène), enfin, pIIIb produira le neurone et la cellule thécogène (Gho et al., 1999; Manning and Doe, 1999; Reddy and Rodrigues, 1999b). La cellule gliale, produite par la division de pIIb, est rapidement éliminée par apoptose (Fichelson and Gho, 2003) (fig. 12 A).

L'asymétrie de ces divisions est contrôlée par la ségrégation différentielle des déterminants au cours de la mitose (Manning and Doe, 1999; Rhyu et al., 1994). Après la division de la SOP, Notch influence le choix de la cellule PIIa. Une perte de fonction de *notch* résulte en une conversion de PIIa en PIIb (Artavanis-Tsakonas et al., 1995; Guo et al., 1996; Wang et al., 1997). *notch* étant exprimé de manière ubiquitaire, la répartition asymétrique de Numb dans la cellule PIIB inhibe la voie de signalisation Notch dans cette cellule (Rhyu et al., 1994). Par la suite, le signal Notch est activé dans les cellules tormogène et thécogène, et inhibé dans le neurone et la cellule tricogène qui héritent de Numb (Gho and Schweisguth, 1998; Posakony, 1994; Wang et al., 1997) (fig. 12). La figure 13 montre la répartition du déterminant Prospero dans le lignage des microchates, celui-ci est détecté pour la première fois dans le noyau de la cellule PIIb qui exprime également le marqueur Elav, mais pas dans la cellule PIIa (Gho et al., 1999; Manning and Doe, 1999; Reddy and Rodrigues, 1999b). Au cours de la mitose de PIIb, Prospero et Elav deviennent cytoplasmiques, Prospero se localise préférentiellement au niveau du cortex basal (Gho et al., 1999; Manning and Doe, 1999; Reddy and Rodrigues, 1999b). Cette division donne une petite cellule présentant un niveau élevé de Pros et faible d'Elav, ainsi qu'une cellule PIII caractérisée par un faible niveau de Pros et un niveau élevé du marqueur Elav dans le noyau (Gho et al., 1999; Manning and Doe, 1999; Reddy and Rodrigues, 1999a). Les deux marqueurs redeviennent cytosoliques au cours de la division de PIIIb et Pros est accumulé de manière préférentielle au niveau du cortex basal (Gho et al., 1999). A l'issue de la mitose, Pros est exprimé *de novo* dans la cellule thécogène tandis que son expression disparaît dans le neurone (Gho et al., 1999; Manning and Doe, 1999; Reddy and Rodrigues, 1999a). Dans les lignages des microchaetes, la petite cellule générée par la division de pIIb et héritant du niveau le plus élevé de Pros, devient une cellule gliale et exprime par la suite le marqueur Repo. Cette cellule gliale est ensuite éliminée par apoptose (Fichelson and Gho, 2003).

Des études de gain de fonction de *pros* ont montré que l'activité de Pros est suffisante pour induire une conversion de PIIa en PIIB (Manning and Doe, 1999; Reddy and Rodrigues, 1999a). La perte de fonction de *pros* induit, pour une minorité de microchaetes, une

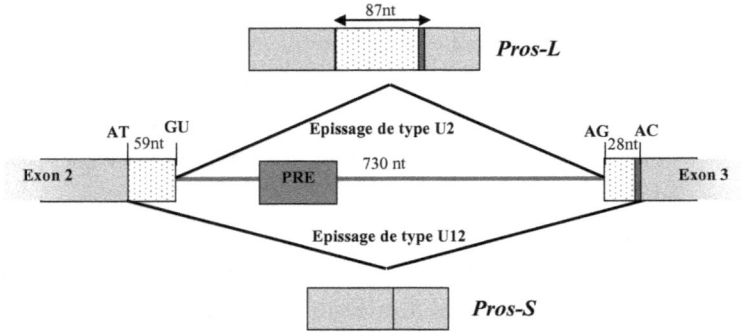

Figure 15 : Epissage alternatif au niveau de l'intron 2 du transcrit primaire de *pros* (d'après Scamborova et coll., 2004).
Représentation schématique de l'épissage alternatif de l'intron 2. Au niveau de l'intron 2, le « twintron » contient deux jeux de sites d'épissage : les bornes GT-AG délimitent un intron de type U2 (long de 730 nucléotides) dont l'épissage donnera un transcrit long *pros-L* ; les bornes AT-AC délimitent un intron de type U12 dont l'épissage donnera un transcrit court *pros-S*. L'épissage alternatif est régulé par une séquence PRE située dans l'intron 2. L'intron de type U12 contient 59 et 28 nucléotides de la séquence de lecture de *pros-L* (rectangles pointillés), flanquant l'intron de type U2. La séquence codant les 5 amino-acides de l'homéodomaine altérés par l'épissage alternatif est indiquée par le rectangle bleu foncé.

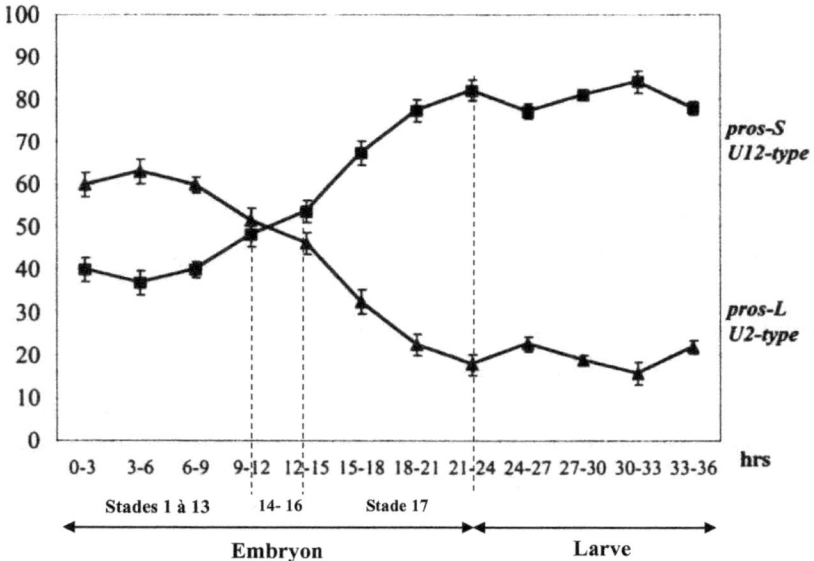

Figure 16 : Quantification des ARNm *pros*-L et *pros*-S au cours de l'embryogénèse et des stades larvaires précoces (modifié d'après Scamborova et coll., 2004).
Au cours des stades embryonnaires précoces (1 à 13), la forme *pros-L* prédomine. Les deux isoformes sont exprimés de manière équivalente au cours des stades embryonnaires 14 à 16 puis l*pros-S* prédomine au cours du stade embryonnaire 17 et des stades larvaires.

conversion de PIIa en PIIb, qui résulte en la formation d'un organe aux cellules externes dupliquées. Les autres microchaetes sont constitués d'un neurone dont les projections axonales et dendritiques sont altérées tandis que le destin de la cellule thécogène est inconnu (Manning and Doe, 1999; Reddy and Rodrigues, 1999a) (fig. 14).

II. Le gène *prospero*

Le gène *prospero* (*pros*) a été localisé sur le bras droit du chromosome 3 à la position cytologique 86E2—4 (Doe et al., 1991), il code un facteur de transcription spécifique du système nerveux (Chu-Lagraff et al., 1991; Matsuzaki et al., 1992; Vaessin et al., 1991). La séquence génomique s'étend sur plus de 20Kb. Pros appartient à une famille de protéines à homéodomaine atypique, conservée au cours de l'évolution avec des homologues chez *Caenorhabditis elegans*, le poulet, la souris et l'humain (Burglin, 1994; Hassan et al., 1997; Oliver et al., 1993; Tomarev et al., 1996; Zinovieva et al., 1996). L'homéodomaine est une séquence de 60 acides aminés dont la conformation reconnaît spécifiquement des régions régulatrices de certains gènes. La structure protéique tridimensionnelle de l'homéodomaine s'organise en trois hélices α qui forment le motif hélice-boucle-hélice (ou HLH pour Helix-Loop-Helix). Les protéines à homéodomaine atypique sont structurellement homologues à la classe de protéines à homéodomaine Antennapedia, cependant, la séquence primaire de leur homéodomaine présente des variations (Bürglin, 1994).

1. Les transcrits connus

La base de donnée « Flybase » prédit 4 transcrits différents, cependant, les données expérimentales ne permettent pas de confirmer ces prédictions. Le transcrit primaire de *pros* est formé de 5 exons et a une taille de 6422pb (Vaessin et al., 1991; Xu et al., 2000). L'ARN pré-messager de *pros* présente un épissage alternatif rare au niveau du second intron : deux jeux complets de sites d'épissage nommé « twintron » (Scamborova et al., 2004) (fig. 15). L'intron de type U2 est encadré par les sites donneur GT et accepteur AG, il correspond à la forme la plus répandue. Dans ce cas, l'épissage génère un ARN messager (ARNm) long *pros-L* codant pour une protéine Pros-L de 1403 amino-acides (aa) (Chu-Lagraff et al., 1991). Les sites d'épissage de type U12 sont atypiques (terminaisons AT-AC) et encadrent

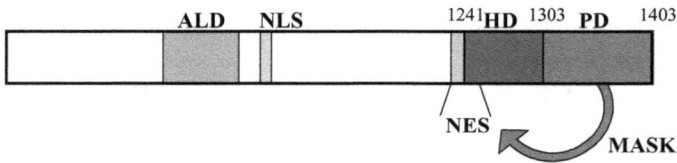

Figure 17 : Représentation schématique de la protéine Prospero et de ses domaines fonctionnels (d'après Demidenko et coll., 2001)
Le domaine de localisation asymétrique (ALD, vert) permet la liaison de Pros à la protéine adaptatrice Miranda. Le signal de localisation nucléaire (NLS, jaune) adresse la protéine dans le noyau. La partie C-terminale de la protéine contient l'homéodomaine (HD, bleu) et le domaine Prospero (PD, rouge) responsables de la liaison spécifique à l'ADN et de l'activité fonctionnelle de Pros. Un épissage alternatif au niveau du second intron permet de produire des isoformes court et long, différant de 29 amino-acides (Chu-Lagraff et al., 1991) au niveau du domaine N-terminal de l'HD (bleu clair). Un signal d'export nucléaire (NES) est localisé dans la région N-terminale de l'HD. Pour l'isoforme court de Pros, les résidus 1215 à 1271 délétés de 29 aa suffisent à fonctionner comme un NES. Le domaine PD fonctionnerait comme un masque (MASK) de la séquence NES.

l'intron de type U2 ; ils permettent ainsi la production d'un ARNm *pros-S*, plus court de 87 nucléotides (fig. 15) (Scamborova et al., 2004). Il code une protéine Pros-S constituée de 1374aa et tronquée de 29 aa dans la région N-terminale de l'homéodomaine par rapport à Pros-L (Chu-Lagraff et al., 1991). Ces deux transcrits sont exprimés de manière différente au cours du développement: *pros-L* est plus abondant au cours de l'embryogénèse précoce tandis que *pros-S* prédomine à des stades plus tardifs (fig. 16) (Scamborova et al., 2004).

2. Les domaines protéiques de Prospero

Des dissections moléculaires ont révélé l'existence de différentes régions fonctionnelles (fig. 17). La région C-terminale (160 aa) constitue le domaine de liaison à l'ADN. Elle est essentielle à la liaison séquence spécifique de l'ADN et à la fonction de Prospero ; elle comprend un homéodomaine hautement divergent (HD, résidus 1241-1303) (Chu-Lagraff et al., 1991; Matsuzaki et al., 1992) associé à un « domaine Prospero » (PD, résidus 1304-1403) (Hassan et al., 1997). Un domaine central, appelé domaine de localisation asymétrique (ALD) permet la liaison de Prospero avec la protéine adaptatrice Miranda qui localise Pros au niveau du cortex basal au cours de la division du neuroblaste (Hirata et al., 1995; Shen et al., 1997).

La régulation du transport nucléaire permet de contrôler l'activité de nombreux facteurs de transcription (Komeili and O'Shea, 2001). La distribution subcellulaire de Pros est régulée de manière dynamique au cours du développement du système nerveux. En plus du domaine ALD et d'un signal de localisation nucléaire (NLS) (Hirata et al., 1995), un signal d'export nucléaire (NES) a été défini dans la région N-terminale de l'homéodomaine. NES entre donc en compétition avec la séquence NLS qui dirige l'import nucléaire ; il peut être masqué par le domaine PD (Bi et al., 2003; Demidenko et al., 2001). Le niveau de phosphorylation de la protéine est lui aussi lié à sa localisation cellulaire : la forme phosphorylée correspond à la forme cytoplasmique inactive, tandis que la forme déphosphorylée correspond à la forme nucléaire active (Alt et al., 2000; Srinivasan et al., 1998). Or, il a déjà été montré que le niveau de phosphorylation est impliqué dans le fonctionnement de la séquence NES pour d'autres protéines comme la cycline D1 (Alt et al., 2000).

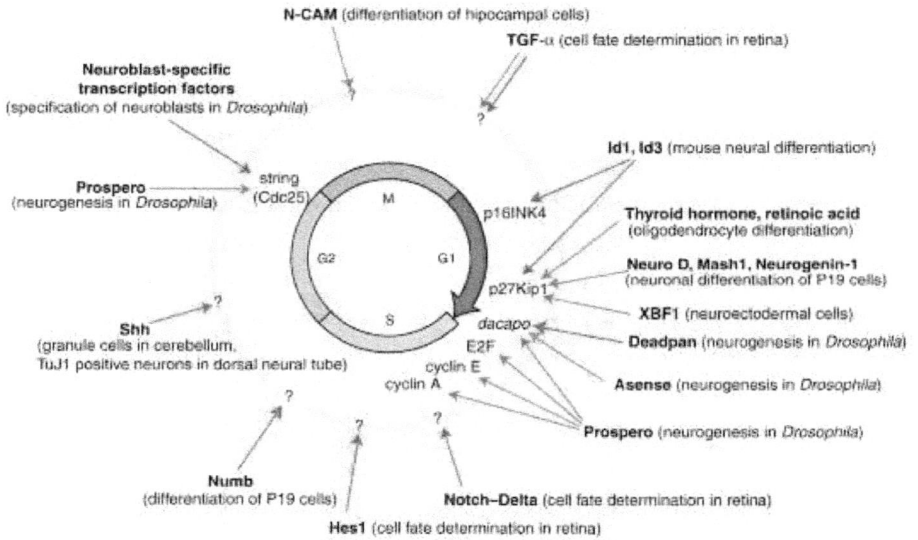

Figure 18: Rôle de Pros au cours du cycle cellulaire (Ohnuma et al., 2001)
Facteurs de différenciation régulant le cycle cellulaire. Les activations et inhibitions sont représentées respectivement par des flèches rouge et bleues.

3. Les gènes cibles et rôles connus de Pros

prospero est exprimé dans la plupart (sinon toutes) des lignées neuronales embryonnaires (Doe et al., 1991). L'étude de mutants nuls a permis de montrer que Pros est impliqué dans des fonctions diverses, telles que le contrôle du guidage axonal et la formation des dendrites (Gertler et al., 1993; Vaessin et al., 1991), le contrôle du cycle cellulaire (Li and Vaessin, 2000) et la différenciation des cellules gliales (Doe et al., 1991; Vaessin et al., 1991). De plus, la perte de fonction de *pros* est associée à une expression incorrecte des gènes proneuraux *deadpan* et *asense* (qui engagent les cellules dans la voie de compétence neurale) et des gènes d'identité neuronale even-skipped (eve), fushi-tarazu (ftz) et engrailed (en) (Chu-Lagraff et al., 1991; Doe et al., 1991; Matsuzaki et al., 1992; Vaessin et al., 1991).

3.1. Rôle connu de Pros dans la régulation du cycle cellulaire

Dans le système nerveux central (SNC), *pros* est exprimé initialement dans les neuroblastes où la protéine est localisée de manière asymétrique au niveau du cortex basal. La division asymétrique permet la distribution de Pros à une seule des cellules filles : la cellule GMC (Hirata et al., 1995; Knoblich et al., 1995; Spana and Doe, 1995). La translocation de Pros dans le noyau résulte dans la terminaison de la transcription de gènes régulateurs du cycle cellulaire (fig. 18). Ainsi, l'absence de *pros* induit une augmentation de l'activité mitotique et la transcription continue des gènes *cycline A*, *cycline E* (*cycE*) et *string* (Li and Vaessin, 2000). De plus, *pros* agit de concert avec *dacapo* (*dap*), qui inhibe l'activité du complexe Cdk2/CycE et maintient l'arrêt en phase G1 (de Nooij et al., 1996; Lane et al., 1996). En effet, *pros* peut à la fois promouvoir et réprimer l'expression de *dacapo* à différents temps du développement (Liu et al., 2002; Wallace et al., 2000). En plus de son rôle direct sur la transcription de ces gènes, *pros* réprime *deadpan* qui réprime à son tour *dacapo* (Wallace et al., 2000).

3.2. Pros intervient dans la différenciation des cellules gliales

Des études menées sur les lignages des neuroglioblastes NB6-4T et NB7-4, situés dans la CNV embryonnaire, ont montré que *pros* jouerait également un rôle dans la différenciation de certaines cellules gliales, en maintenant un niveau de transcription élevé de *gcm*. Chez la drosophile, le gène *glial cell missing* (*gcm*, appelé aussi *glial cell deficient*, *glide*)

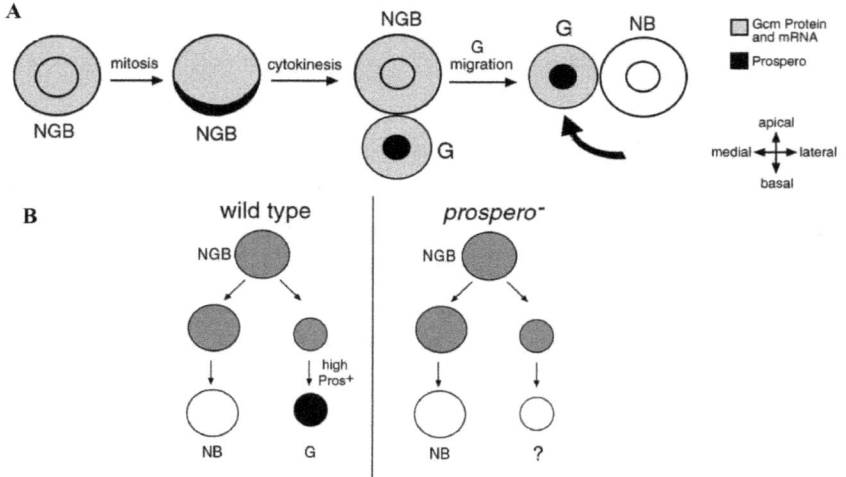

Figure 19 : Répartition de la protéine Pros au cours de la division du neuroglioblaste NB6-4T (d'après Freeman et Doe, 2001). (A) *gcm* (gris) est exprimé de manière faible dans le neuroglioblaste (NGB). Lors de la division, l'ARNm et la protéine Gcm sont répartis de manière équitable dans les deux cellules filles. Seule la cellule fille qui hérite de la totalité de Pros, continue d'exprimer *gcm* ; l'expression de *gcm* n'est pas maintenue dans le NGB post-mitotique qui devient alors neuroblaste et ne génèrera que des neurones. (B) Effet d'une perte de fonction de *pros* sur le lignage des NGB. Chez le type sauvage, Pros augmente l'expression de *gcm* dans la cellule fille G, induisant une orientation gliale de la cellule. Chez les mutants *pros*, une faible expression de *gcm* est induite normalement dans le NGB mais l'expression décroît rapidement et aucune cellule gliale n'est produite.

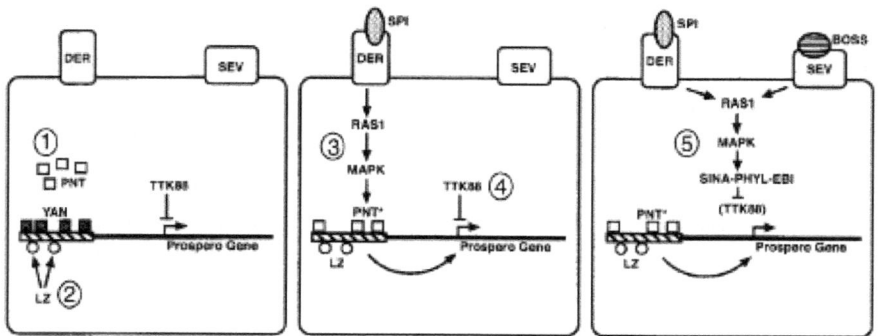

Figure 20 : Régulation de l'expression de *pros* dans les cellules R7 du disque de l'oeil (d'après Xu et coll., 2000). (1) Dans les cellules progéniteurs de l'œil, la présence de YAN sur les sites régulateurs spécifiques de l'œil, réprime la transcription de *pros* et empêche la liaison de PNT. (2) La phosphorylation de YAN et PNT par la voie de RAS1, inactive YAN et permet la liaison de PNT. *pros* ne pourra s'exprimer que si PNT et LZ sont présents, LZ étant synthétisé après la première vague de différenciation des photorécepteurs dans les cellules R7, R1 et R6. (3) Ttk88 réduit l'expression de *pros* sans la bloquer, par un mécanisme indépendant des séquences régulatrices. Le signal répresseur peut-être levé quand la cellule reçoit un signal des récepteurs DER et SEV permettant une augmentation spécifique de l'expression de *pros* dans les cellules R7.

(Edenfeld et al., 2005; Klambt et al., 2001) est un régulateur critique de l'identité gliale. Il est exprimé dans la majorité des cellules gliales chez l'embryon (à l'exception des cellules gliales de la ligne médiane) et contrôle la détermination du destin glial *versus* neuronal dans les cellules issues du neurectoderme (Akiyama et al., 1996; Hosoya et al., 1995; Jones et al., 1995). Une perte de fonction de *gcm* conduit à une perte de la quasi totalité des cellules gliales (à l'exception des cellules de la ligne médiane) et à la transformation de certaines cellules gliales en neurones additionnels dans quelque lignages du SNP (Hosoya et al., 1995; Jones et al., 1995). Dans les lignages des précurseurs thoraciques NB 6-4T et NB 7-4 de l'embryon, il a été montré que *prospero* est requis pour augmenter le niveau d'expression de *gcm* mais ne suffit pas à l'induire (Akiyama-Oda et al., 1999; Freeman and Doe, 2001). Ainsi, chez des mutants pour le gène *pros*, l'expression de *gcm* est fortement réduite dans la progéniture de NB6-4T et NB7-4, indiquant que l'induction de *gcm* peut avoir lieu en l'absence de Pros. Cependant l'expression de *gcm* faiblit rapidement et les cellules filles n'exprimeront jamais *repo*, marqueur de l'identité des cellules gliales différenciées (Freeman and Doe, 2001) (fig. 19B).

4. Modèle connu pour la régulation de l'expression de *pros*

Jusqu'alors, seule une équipe de chercheurs s'est intéressée aux mécanismes de régulation de l'expression de *pros*, cependant, leur étude a porté uniquement sur les cellules photoréceptrices R7 des disques imaginaux des yeux (Xu et al., 2000). Ainsi, Xu et coll. ont mit en évidence un élément tissu-spécifique, localisé entre -8 et -9,1kb en amont du site d'initiation de la transcription de *pros*, capable de diriger son expression dans les cellules R7 et les cellules coniques (groupe d'équivalence R7) chez la pupe. Cette séquence possède des sites de fixation à Lozenge (LZ), Yan et Pointed (Pnt). Yan et Pnt se lient aux mêmes sites et ont une activité antagoniste (fig. 20). Selon ce modèle, l'activité de la séquence cis-régulatrice spécifique de l'œil est restreinte au groupe d'équivalence R7 par l'activation de la voie du récepteur DER (RTK homolog of EGF receptor) et la fixation de lozenge (Lz). En l'absence de signal, Yan réprime la transcription de *pros* en se liant à la séquence régulatrice, empêchant ainsi la fixation de Pnt. Lorsque le récepteur DER est activé, Yan et Pnt sont déphosphorylés par l'intermédiaire de la voie Ras ; Pnt peut alors se fixer. Pnt seul ne suffit pas à induire une expression de *pros*, seules les cellules qui reçoivent le signal DER et qui

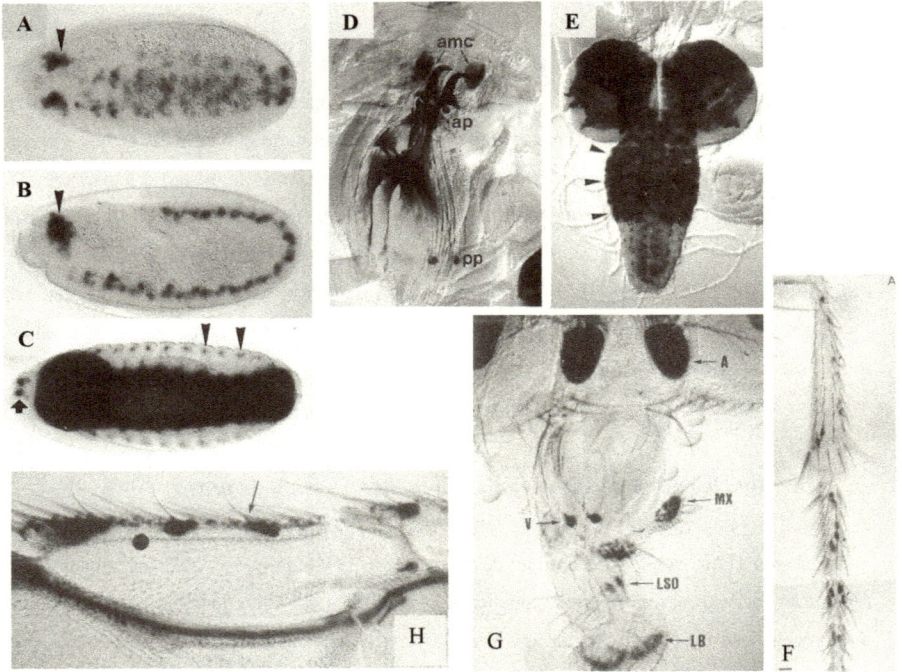

Figure 21 : Patron d'expression de l'allèle *Voila¹* visualisé par le rapporteur LacZ. (D'après Balakireva et coll.2000).
Au stade embryonnaire 10, le marquage apparaît dans la région du SNC (A, B). (C) au stade 13, Le marquage est visible dans le SNC, le SNP (triangles) et la région antérieure de l'embryon correspondant au territoire du futur AMC (flèche). Chez la larve de stade II (D-E), l'expression est localisée dans l'AMC (D) ainsi que dans les sensilles pharyngiennes antérieures et postérieures (ap, pp). Une forte expression est observée dans le SNC au niveau des lobes optiques et dans les segments thoraciques de la CNV. Chez l'adulte (H-F), un signal est détecté dans les pattes (F), au niveau de la tête (G), le marquage est localisé dans le troisième segment antennaire (*A*), dans les palpes labiaux (*MX*) et les palpes labiaux (*LB*). (H) Enfin, une expression est observée au niveau de la marge des ailes.

36

contiennent Lz, pourront exprimer *pros*. De plus, TTK88 réduit l'expression de *pros*, par un mécanisme indépendant de la séquence régulatrice de l'œil (fig. 20).

5. Prox1

Chez les vertébrés, l'orthologue de *pros* est le gène *Prox1*. *Prox1* code une protéine de 83KDa à homéodomaine "divergent" et conservée entre Vertébrés (Glasgow and Tomarev, 1998; Tomarev et al., 1996; Tomarev et al., 1998; Zinovieva et al., 1996). Il comprend au moins 5 exons et s'étend sur plus de 40 kb (localisé sur le chromosome 1 humain en q32.2-q32.3).

Chez la souris et l'homme, *Prox1* est exprimé dans l'intestin, le cerveau, le cœur, les muscles squelettiques et la rétine (Tomarev et al., 1998; Zinovieva et al., 1996). Le fait que *Prox1* s'exprime également au niveau des bourgeons gustatifs, chez la souris (Miura et al., 2003) et le poisson cavernicole mexicain *Astyonax* (Jeffery et al., 2000), suggère qu'il est impliqué dans le développement du système nerveux gustatif. Au niveau du cristallin uniquement, deux ARN de taille différente ont été observés, indiquant que le transcrit primaire subit un épissage alternatif dans cette région chez l'humain et le poulet (Tomarev et al., 1996; Zinovieva et al., 1996). Chez la souris, l'inactivation de *Prox1* induit (1) une prolifération cellulaire anormale, (2) cause la dérégulation de gènes inhibiteurs du cycle cellulaire tels *Cdkn1b* et *Cdkn1c*, (3) perturbe l'expression de la E-cadherin et (4) conduit à des processus inappropriés d'apoptose (Wigle et al., 1999).

Bien que les mécanismes de différenciation précoce des neurones soient encore peu connus chez les vertébrés, l'induction des gènes *Phox2* (*Phox2a* et *Phox2b*), *Mash1* et *Prox1* constituerait un évènement moléculaire clé dans le développement précoce du système nerveux (Pattyn et al., 2000a; Pattyn et al., 2000b; Torii et al., 1999). Les gènes *Phox2* codent des protéines à homéodomaine qui régulent *Mash1*, un facteur de transcription orthologue du complexe *Achaete-scute* de la drosophile (Pattyn et al., 2000a; Pattyn et al., 2000b). *Mash1* régule à son tour l'expression de *Prox1 in vitro*. *In vivo*, l'induction de *Mash1* et *Prox1* détermine le développement du système nerveux central (Torii et al., 1999). *Phox2* est notamment à l'origine de la formation d'un petit groupe de cellules conservées dans le règne des vertébrés: les neurones noradrénergiques du *locus coeruleus* situés dans le système nerveux central. La dégénérescence de ces neurones est associée à la maladie d'Alzheimer et à la maladie de Parkinson, alors que leur fonctionnement anormal joue un rôle dans la dépression, les maladies du sommeil et la schizophrénie (Guo et al., 1999).

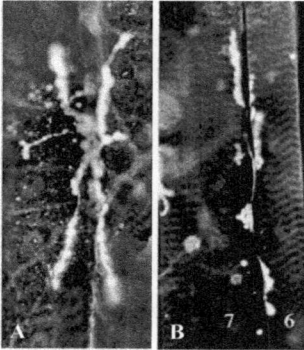

Figure 22 : Structure de la jonction neuro-musculaire chez la larve de type sauvage (A) et chez *Voila*$^{1/1}$ (B) (Grosjean et al., 2003). Les photos montrent l'innervation des muscles 6 et 7 localisés dans le segment abdominal 2. Les nerfs ont été marqués avec l'anticorps anti-HRP.

III. *prospero* et Les lignées *pros*^{V}

1. La lignée *Voila*[1]

La lignée *Voila*[1], créée dans notre laboratoire par insertion d'un élément transposable de type PGAL4 sur le chromosome 3 (région 86 E1-2), a été identifiée en raison du comportement bisexuel des mâles hétérozygotes *Voila*$^{1/+}$ (Balakireva et al., 1998). L'étude des individus homozygotes *Voila*$^{1/1}$ a montré que ceux-ci ne survivaient pas au delà du stade larvaire et qu'ils présentaient une altération de leur comportement locomoteur (Balakireva et al., 2000; Balakireva et al., 1998).

L'analyse du patron d'expression de *Gal4* dans les lignées *Voila*$^{1/1}$ avait révélé que l'expression de *Gal4* débutait au stade embryonnaire 10 dans les cellules précurseurs du système nerveux ; au stade 13, un fort marquage était détecté dans le SNC, dans la région précurseur de l'AMC ainsi que dans le SNP (fig. 21 A-C ; Balakireva et coll., 2000). Chez la larve et l'adulte, l'expression était restreinte au système nerveux central et périphérique gustatif (fig. 21 D-H) (Balakireva et al., 2000; Balakireva et al., 1998). En raison de l'expression dans le SNP gustatif, la réponse gustative avait été mesurée lors de tests de discrimination entre un milieu neutre (agar) et une solution test mélangée à de l'agar. Ainsi, il avait été observé que les larves *Voila*$^{1/1}$ étaient incapables de discriminer le milieu neutre du milieu contenant du NaCl, tandis que les larves de la souche contrôle étaient clairement repoussées par les concentrations de NaCl testées (Balakireva et al., 1998). De la même manière, des tests au sucrose avaient montré que les larves *Voila*$^{1/1}$ étaient peu attirées par cette substance. D'autre part, l'analyse de la jonction neuro-musculaire chez la larve de stade III a montré que, chez les larves *Voila*$^{1/1}$, l'arborisation terminale était très pauvre et pourrait être à l'origine des défauts de locomotion (fig. 22) (Grosjean et al., 2003).

Des analyses moléculaires ont révélé que l'insertion du transposon s'était faite dans la région 5'UTR du gène *prospero* (*pros*), 216pb en amont du site d'initiation de la transcription (fig. 22 A) (Grosjean et al., 2001). Le profil d'expression de la lignée *PGal4 Voila*[1] étant très similaire à celui observé pour la lignée *PLacW pros139* (Chu-Lagraff et al., 1991), Grosjean et coll. (2001) avaient suggéré que le transposon devait être placé sous la dépendance des séquences régulatrices de *pros* ; ce qui a été confirmé par des expériences de

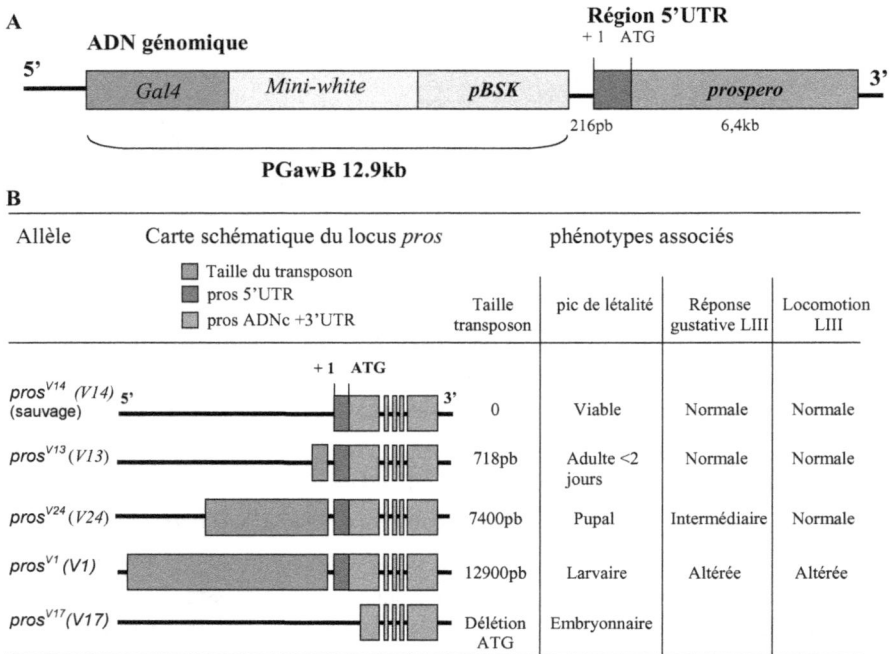

Figure 23: **Lignées *pros^V* ; relations entre structure du locus *pros*, pic de létalité et réponse gustative chez la larve dans la serie allélique *pros^V*.** (Selon Grosjean et coll., 2001; 2003).
(A) locus *pros^V1* (*V1*). L'élément transposable PGawB de type PGal4 s'est inséré 216pb en amont du site d'initiation de la transcription de *pros*. (B) Série allélique *pros^V*. À gauche: représentation schématique du locus de la série allélique *pros^V*. *pros^V14* (*V14*) constitue notre témoin, le transposon a été complètement excisé permettant une restauration du phénotype sauvage. *pros^V17* (*V17*) est un mutant nul.
Gal4 : gène de levure capable de se lier à la séquence promotrice *UAS*, *Mini-White*: marqueur phénotypique de l'insertion du transposon rétablissant le phénotype "yeux rouges" ; *pBSK*: Phagemide pBlue Script ; +1 : site d'initiation de la transcription de *pros* ; ATG site d'initiation de la traduction.

complémentation avec d'autres allèles de *pros*. *Voila[1]* a donc par la suite, été renommé *pros[V1]* ou *V1*.

2. Les lignées d'excision *pros[V]*

Afin d'étudier la corrélation entre le transposon et les phénotypes observés, des lignées d'excision avaient été générées par remobilisation du transposon (Balakireva et al., 2000). L'excision précise du transposon (*pros[V14]*) avait permis de restaurer totalement le phénotype sauvage, tandis que son excision imprécise avait créé de nouveaux allèles *pros[V]*. Dans ces lignées, il apparaît que la viabilité, l'activité locomotrice et les aptitudes gustatives sont inversement corrélées à la taille du fragment du transposon resté inséré en amont de *pros* (fig. 23B) (Grosjean et al., 2001). La variation quantitative de protéine Pros et/ou d'ARNm (Acide Ribonucléique messager) pourrait donc être à l'origine des altérations graduelles du comportement et de la viabilité. Une quantification préliminaire du niveau de protéine avait été réalisée (par mesure de l'intensité de fluorescence) dans plusieurs régions du système nerveux embryonnaire (Grosjean, thèse 2002 ; Guenin et coll., en révision). Cette analyse avait révélé que le niveau de protéine Pros diminuait significativement dans le SNP de *V1* alors qu'il augmentait dans le SNC de *V13* (fig. 24).

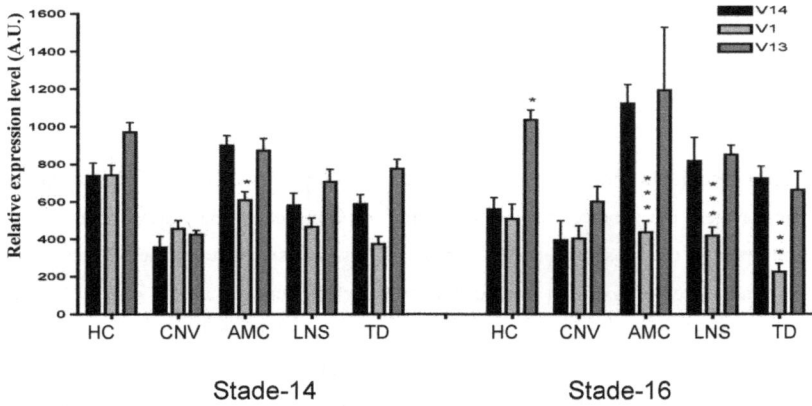

Figure 24 : Quantification du niveau d'expression de Pros au cours du développement (Guenin et coll., en révision).
Le niveau d'expression de la protéine Pros a été mesuré chez des embryons de stade 14 et 16 dans 20 cellules des hémisphères cérébraux (HC), de la chaîne nerveuse ventrale (CNV), de la région précurseur du complexe antenno-maxillaire (AMC), des organes sensoriels latéraux (LNS) et du tube digestif (TD). L'histogramme représente les valeurs moyennes (±s.e.m.) des intensités relatives du signal détecté par immuno-fluorescence (mesurée en unités arbitraires) dans les allèles *V14* (noir), *V1* (gris clair) et *V13* (gris foncé). Les différences significatives (test PLSD de Fisher) entre les allèles mutants et *V14* sont indiquées par * = p<0.05 ; *** = p<0.001. N = 5-10.

PROBLEMATIQUE ET OBJECTIFS

La caractérisation préliminaire des variants $pros^V$, créés par remobilisation du transposon présent chez le mutant $pros^{VI}$ (VI), avait mis en évidence l'effet pléiotropique du gène pros sur le développement et le comportement larvaire (Balakireva et al., 2000; Balakireva et al., 1998; Grosjean et al., 2001; Grosjean et al., 2003). Ainsi, une relation avait pu être établie entre la taille du transposon resté inséré en amont de ce gène, la viabilité et le degré d'altération de la locomotion ou de la réponse gustative (Voir introduction § III.2).

L'hypothèse de départ supposait que le niveau et/ou le profil d'expression de la protéine Pros pouvait être modifié dans le système nerveux (SN) des mutants $pros^V$. En effet, une étude antécédente, menée au sein de notre laboratoire (Y. Grosjean thèse d'université, 2002, Dijon) indiquait que le niveau de la protéine Pros variait selon le mutant et la région du SN considérés (fig. 24 Introduction). En dehors de ces quantifications préliminaires sur les embryons, nous ignorions si le système nerveux (SN) larvaire de ces mutants présentait les mêmes variations et n'avions aucune donnée de leurs conséquences possibles sur le développement du SN larvaire, et particulièrement dans l'AMC, impliqué dans la gustation.

Etude des altérations de l'expression de pros dans le système nerveux

Pour mieux comprendre le lien entre l'altération des comportements observés et l'expression de pros, j'ai caractérisé quatre variants $pros^V$. Le variant $pros^{VI}$ (VI) contient l'intégralité du transposon en amont du gène pros. Le variant $pros^{V13}$ ($V13$) n'en a conservé qu'une petite partie tandis que $pros^{V17}$ ($V17$) est un mutant nul qui résulte de la délétion d'une partie de la séquence 5' codante de pros, arrachée lors de l'excision du transposon (fig. 24 partie Introduction; Grosjean et al, 2001); enfin $pros^{V14}$ ($V14$), a été généré par l'excision propre et complète du transposon et constitue notre témoin. Nous avons tout d'abord déterminé si les deux transcrits majeurs de pros (pros-S et pros-L) étaient différemment exprimés dans ces lignées. Pour cela, nous avons quantifié le niveau de chaque transcrit par PCR en temps réel, sur des embryons entiers et sur des cerveaux et AMC isolés de larves de stade III (LIII). Nous avons ensuite recherché d'éventuelles anomalies : (1) des projections axonales, (2) de l'activité mitotique et (3) de la différentiation des cellules gliales et neuronales, dans le système nerveux des mutants $pros^V$. En raison des défauts de gustation observés chez nos mutants et de notre méconnaissance du rôle de Pros dans l'AMC, nous nous sommes particulièrement intéressés à cette région. Au delà de la relation possible existant entre *pros* et la gustation, nous avions pour la première fois, à travers les allèles *pros^V*, la possibilité d'explorer son rôle à des stades de développement plus tardifs. En effet, nos connaissances sur *pros* proviennent, pour la plupart, de l'analyse de mutants nuls qui ne survivent pas au stade larvaire.

Ce travail a fait l'objet d'un article, actuellement en révision. (Guenin, L. ; Grosjean, Y. ; Fraichard, S ; Acebes, A. ; Baba-Aissa, F. & Ferveur, J-F. Spatio-temporal expression of Prospero is finely tuned to allow the correct development and function of the nervous system in *Drosophila melanogaster*. *Dev. Biol.*)

Identification des gènes liés à l'expression de *pros* dans L'AMC larvaire

Associer un gène et un comportement a toujours été une tâche très complexe. Dans le souci de répondre à la question de départ, j'ai entrepris, dans la seconde partie de cette thèse, une étude pan-génomique par puces à ADN, afin de déterminer les gènes dont l'expression variait dans l'AMC des mutants *pros^V*. Le choix des échantillons, des allèles et de la méthode a été en grande partie déterminé par les résultats obtenus dans la première de cette étude. Pour effectuer cette analyse, nous avons utilisé des micro-membranes de Nylon (ou microarrays) sur lesquelles ont été liés les produits d'amplification de PCR de 7500 gènes du génome de *Drosophila melanogaster*.

Un article est actuellement en cours d'écriture (Guenin, L. ; Raharijaona, M. ; Houlgatte, R. & Baba-Aissa, F.)

Etude des séquences régulatrices de *pros*

Un certain nombre des résultats obtenus au cours de cette étude suggérait fortement que l'expression de *pros* pouvait être régulée par des éléments indépendants dans le SNC et le SNP (et plus particulièrement dans l'AMC). Afin de vérifier cette hypothèse et finaliser ce travail de thèse, j'ai recherché et tenté d'identifier les séquences cis-régulatrices qui régulent l'expression de *pros* dans ces régions du SN. La seule information dont je disposais alors, était qu'une région, localisée entre -8 et -9,1Kb en amont du site d'initiation de la transcription de *pros,* pouvait diriger son expression dans les cellules photoréceptrices R7 de l'œil chez *Drosophila* (Xu et al., 2000). J'ai donc, à l'aide de lignées transgéniques décrites dans cet article ou nouvellement créées, analysé une partie du promoteur du gène *prospero*. Mon objectif était d'isoler des séquences capables de diriger une expression dans des régions précises du système nerveux, en particulier dans l'AMC et de créer de nouveaux outils qui pourraient être utilisés par la suite au sein de notre laboratoire.

MATERIEL ET METHODES

Partie I : Etude des altérations du SN chez les mutants pros^V

I. Souches de drosophiles et conditions d'élevage

1. Les lignées *pros*^{V}

Cinq lignées *pros*^{V} ont été utilisées dans cette étude. Elles dérivent toutes de la lignée *pros*^{V1} (*V1*) par remobilisation partielle ou complète d'un élément *PGal4* situé sur le chromosome 3, 216pb en amont du site d'initiation de la transcription de *prospero* (*pros*). Pour la lignée *pros*^{V14}(*V14*), l'excision complète de l'élément transposable s'est faite « proprement », restaurant ainsi le phénotype sauvage. Cette souche sera considérée comme la lignée « témoin » puisqu'elle présente le même fond génétique que toutes les lignées *pros*^{V}. *pros*^{V17}(*V17*) est un mutant nul, le site d'initiation de la transcription et une partie de la région 5'UTR ont été arrachés lors de l'excision de *PGal4* ; *pros* n'est donc plus exprimé. Du fait de sa létalité précoce, cette lignée ne pourra être analysée qu'au stade embryonnaire. Les lignées *pros*^{V1} (*V1*), *pros*^{V24} (*V24*) et *pros*^{V13} (*V13*) ont conservé respectivement l'intégralité ou des portions de plus en plus restreintes du transposon (Figure 23 partie introduction). Ces lignées étant létales à l'état homozygote, le chromosome 3 portant l'allèle a été maintenu par un chromosome balanceur : TM3, *Sb Kruppel-Gal4* UAS-GFP (Bloomington #5185). L'absence de fluorescence émise par la GFP (Green Fluorescent Protein), sous un éclairage spécifique (395 nm), permet de discriminer les individus homozygotes pour l'allèle *pros*^{V} des autres individus. Les chromosomes balanceurs (et les mutations associées) ont été largement décrits (Lindsley and Zimm, 1992; Sullivan et al., 2000).

2. Conditions d'élevage

Les Drosophiles sont élevées dans une pièce climatisée à $25 \pm 0,5°C$ avec un taux d'humidité de $50 \pm 0,5\%$ et un cycle de 12 h de jour/12 h de nuit. Les souches sont entretenues dans des tubes en verre de 50 ml (ELVETEC) contenant un milieu (agar-agar 1,5 %, levure de bière 10 %, farine de maïs 9 % et para-hydroxy-benzoate de méthyle 0,4 %). Le maintien d'une souche se fait par repiquage des adultes dans des tubes de milieu frais à chaque génération, c'est-à-dire tous les 9 à 10 jours (à 25°C). La récolte des embryons et des larves s'effectue en plaçant les drosophiles dans une boite munie d'un pondoir (Bacto-Agar

3 %, jus de pomme 25 %, sucre 3,3 % et Tegosept 0,2 %) additionné de levure (pour stimuler la ponte), que l'on peut changer à des temps fixes pour les besoins de l'expérience. La survie des larves est assurée par addition quotidienne de levure fraîche à la surface du milieu.

II. Analyse de l'expression des ARN

L'étude de l'expression des ARN ou les marquages immuno-histochimiques ont été réalisés sur des embryons de stade 16 (déterminé d'après le critère morphologique de la forme de l'intestin ; 13h30 à 15h de développement) et sur des larves de début de stade III, récoltées au maximum 1h après la mue LII/LIII.

Pour les lignées $pros^V$, les individus homozygotes (non fluorescents) ont été triés sous une loupe binoculaire couplée à une lampe UV.

1. Extraction des ARN totaux (Chomczynski and Sacchi, 1987)

Les extractions d'ARN sont réalisées sur 500 à 600 embryons de stade 16, congelés dans l'azote liquide et conservés à - 80°C. Les larves de stade III ont été disséquées dans du *RNAlater* (Ambion) qui retarde l'action des RNases. 70 à 80 cerveaux ou AMC ont été isolés et stockés à 4°C dans cette même solution. Le *RNAlater* a été retiré juste avant l'extraction d'ARN.

Le matériel biologique est broyé dans 600 µl de réactif Trizol (Invitrogen™) et laissé 5 min à température ambiante pour permettre une dissociation complète des complexes nucléoprotéiques. Après addition d'un volume de chloroforme (200 µl pour 1 ml de Trizol) les échantillons sont centrifugés à 12 000 g pendant 15 min, à 4 °C. La phase aqueuse (environ 300 µl) est récupérée et les ARNs sont précipités par addition d'un volume d'isopropanol puis par centrifugation à 12 000 g (4 °C, 10 min). Le culot d'ARN est dissout dans de l'eau (20 µl). La quantité d'ARN obtenue est alors estimée par spectrophotométrie. La mesure de l'absorbance est effectuée à 260 nm et à 280 nm pour permettre de déterminer leur concentration (absorption U.V. à 260nm ; 1 unité DO est équivalente à 40 µg/ ml d'ARN) et leur indice de pureté (rapport des absorbances 260 nm/280nm). Un indice compris entre 1,8 et 2 indique un degré de pureté élevé des ARN. La qualité des ARN totaux est vérifiée par électrophorèse dans des conditions dénaturantes selon le protocole décrit par Meinkoth et Wahh (1984). La présence de deux bandes majoritaires correspondant aux ARN ribosomaux

28S et 18S, l'absence de traînées (en particulier sous la bande 18S), et enfin l'obtention d'un rapport d'environ 2 (entre l'intensité des bandes 28S/18S), sont des indicateurs de l'intégrité des ARN.

2. Synthèse de l'ADNc

Pour éviter toute amplification d'ADN génomique, tous les ARNs totaux sont préalablement traités à la RQ1 RNase-free DNase (Promega) avant la synthèse d'ADNc. Pour cela, 2 µg d'ARN sont incubés 20 min à 37 °C en présence d'1 unité d'enzyme et d'1 µl de tampon RQ1 RNase-free DNase reaction buffer 10X (Promega), dans un volume final de 10 µl. L'enzyme est ensuite inactivée 10 min à 65°C en présence d'EDTA à la concentration finale de 2.5 µM. L'ARN total traité à la DNase est alors amorcé avec 50 ng d'hexamères aléatoires, dénaturés à 70 °C (10 min) puis rapidement refroidis à 4 °C. L'hybridation de l'amorce sur les ARNm et la synthèse des ADNc sont réalisées à 42°C pendant 50 min en présence de tampon (Tris-HCl 20 mM, pH 8,4 ; KCl 50 mM ; $MgCl_2$ 25 mM), de dNTP 10 mM, de DTT 10 mM et de 200 U de transcriptase inverse (Maloney Murine Leucaemia Virus, Invitrogen). La réaction est stoppée à 70 °C (15 min). Les ARNs sont ensuite dégradés par une incubation à 37 °C pendant 20 min en présence d'une unité de RNase H (Invitrogen).

3. PCR en Temps réel (Q-PCR)

3.1. Principe

A l'inverse d'une PCR classique, où l'analyse des résultats se fait à posteriori, par la mesure de la quantité de produit formé après un nombre de cycles prédéfinis, cette méthode permet de suivre l'amplification des produits en temps réel. Ceci est rendu possible par l'utilisation d'un fluorophore (iQ SYBR Green Supermix, Bio-Rad), susceptible d'émettre une fluorescence lorsqu'il se lie à des molécules d'ADN double brin uniquement (fig. 25). Le signal augmente proportionnellement avec la quantité de molécules nouvellement synthétisées au cours de la réaction. L'augmentation de la fluorescence est mesurée dans chaque tube en temps réel (MyiQ single color real-time PCR detection, Bio-Rad), toutes les 8 s pendant 25 ms (pour revue voir Ginzinger, 2002). L'analyse des résultats se fait avec un logiciel approprié (iCycler iQ Real-Time Detection system software, Bio-Rad). La courbe obtenue permet de déterminer précisément le cycle seuil (Ct) à partir duquel le signal d'amplification se distingue du bruit

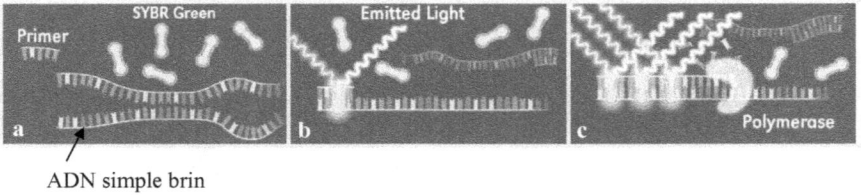

ADN simple brin

Figure 25 : Principe d'action du SYBR Green
Le SYBR Green est un composé intercalant qui émet une fluorescence lorsqu'il se lie à l'ADN double brin. (a) Le SYBR Green ne se lie pas à l'ADN simple brin, sous forme libre, il n'émet pas de fluorescence. (b) La liaison du SYBR Green à l'ADN double brin entraîne une fluorescence. (c) Lors de la PCR en temps réel, la mesure de la fluorescence s'effectue à la fin de chaque cycle d'élongation, lorsque l'ADN est sous forme double brin, permettant de suivre l'amplification du produit en temps réel.

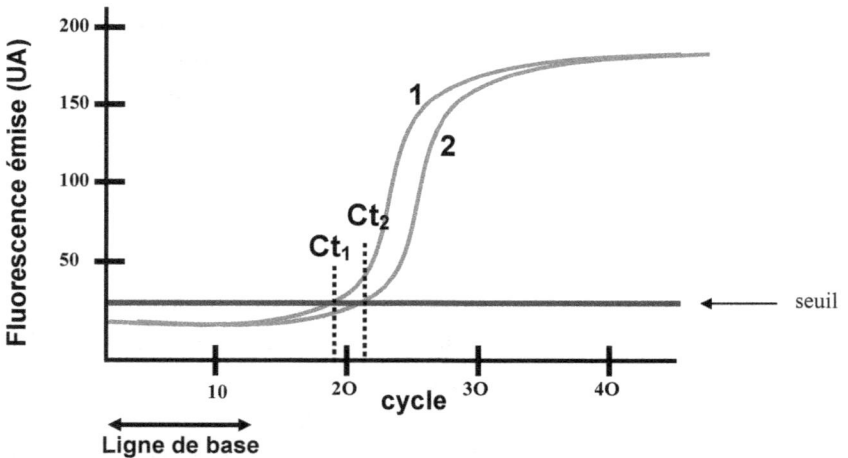

Figure 26 : Détermination du cycle seuil d'amplification (Ct)
Courbes d'amplification de deux produits en PCR en temps réel, les courbes représentent l'augmentation de la fluorescence (ordonnée) en fonction du nombre de cycle (abscisse).
Les courbes montrent 3 phases : une phase stationnaire les 15 premiers cycles qui permettra le calcul du bruit de fond ; une phase exponentielle et une phase plateau.
Le seuil d'amplification Ct est défini lorsque la courbe d'amplification se détache du bruit de fond (ligne rouge). Il correspond au début de la phase exponentielle d'amplification. Dans l'exemple donné, Ct_1 correspond au cycle seuil du composé 1, Ct_2, au cycle seuil du composé 2 ; le composé 1 est plus abondant que le composé 2 dans le milieu réactionnel car son amplification démarre plus tôt.

de fond. C'est à ce cycle précis (début de la phase exponentielle) que la meilleure quantification peut-être obtenue. Comme pour toute quantification, le taux relatif d'ARNm cible de départ est alors déterminé par rapport à un ARNm témoin ou standard interne (fig. 26).

Le témoin ou standard interne idéal doit répondre à plusieurs critères : 1) avoir une expression stable et relativement abondante au cours du développement, 2) être indépendant du gène étudié et 3) être exprimé de manière ubiquitaire et stable dans tous les tissus. L'*actine 5c* a été sélectionnée pour cette étude et validée après l'obtention d'un taux d'expression équivalent pour les différentes lignées utilisées.

3.2. Amorces utilisées

Toutes les amorces ont été conçues à l'aide du logiciel Primer Express. La séquence et la position des amorces pour chaque gène sont données dans le tableau 1. Les 2 paires d'amorces de *pros* ont été sélectionnées de façon à amplifier sélectivement soit le transcrit S (court) ou L (long) (en choisissant des amorces qui sont dans un exon épissé de façon alternative). De plus, afin d'exclure une possible amplification de l'ADN génomique, l'une des amorces de chaque couple est à cheval sur deux exons consécutifs (fig. 27 A et B). La spécificité des amorces a été contrôlée par PCR traditionnelle et l'identité du fragment obtenu a été vérifiée par séquençage.

3.3. Procédure d'amplification par Q-PCR

Les concentrations optimales d'ADNc et d'amorces ont été déterminées sur la lignée témoin (*V14*) en testant plusieurs séries de dilutions et en choisissant celles faisant apparaître un Ct aux environs de 20 cycles (le calcul du bruit de fond étant déterminé sur les 15 premiers cycles). Les réactions d'amplification se font dans une plaque 96 puits (ABI PRISM Optical 96-well reaction plates, Applied Biosystem). Pour chaque échantillon d'ADNc, on réalise en parallèle (dans des puits séparés) une amplification du standard (*actine 5C*) et une amplification du gène cible en duplicat. La réaction a été effectuée dans un volume final de 25 µl en présence de 1 µl d'ADNc (préparé à partir de 2 µg d'ARN et dilué deux fois), de 12.5 µl de iQ SYBR Green Supermix (Bio-Rad) et de 0.4 µM de chaque amorce. L'amplification est réalisée avec le système MyiQ single color real-time PCR detection (Bio-Rad) et se fait sur 40 cycles (15 s à 95°C, 30 s à 60°C et 30 s à 72°C) précédés de 2 min à 50°C et d'une dénaturation de 10 min à 95°C.

Gène amplifié	Amorce sens (5'-3')	Tm	Amorce antisens (5'-3')	Tm
Actine 5C	GCCCATCTACGAGGGTTATGC	62.9	CAAATCGCGACCAGCCAG	63.9
pros-S	TCGCCGGACTACAAGACCT	60.81	GTAGAAGAAGTAGGAGCCATG	53.4
Pros-L	CCTACTATATCCTTTTA	37.2	ATGTAGAAGAGTGCAAAGG	50.2

Tableau 1 : Amorces utilisées pour l'amplification en PCR en temps réel

A
Exon2 {
...CTGGCCGCCGCCCATCACGGCGGATCGCCGGACTACAAGACCTGC
CTGCGGGCCGTCATGGACGCCCAGGATCGCCAGTCCGAGTGCAACTC
GGCCGACATGCAGTTTGACGGCATGGCTTCTTCTACATTGACACCGAT
Exon3 {
GCACCTGCGCAAGGCCAAGCTGATGTTCTTCTGGGTGCGCTATCCCAG
CTCCGCGGTGCTCAAGATGTACTTCCCGGACATCAAGTTCAACAAGAA
CAACACAGCACAATTGGTGAAATGGTTCTCGAAC...

B
Exon2 {
...CTGGCCGCCGCCCATCACGGCGGATCGCCGGACTACAAGACCTGC
CTGCGGGCCGTCATGGACGCCCAGGATCGCCAGTCCGAGTGCAACTC
GGCCGACATGCAGTTTGACGGCATGGCTCCTACTATATCCTTTTACAA
ACAAATGCAACTTAAAACAGAACACCAGGAGTCGCTGATGGCCAAAC
Exon3 {
ATTGCGAATCCTTGACTCCTTTGCACTCTTCTACATTGACACCGATGCA
CCTGCGCAAGGCCAAGCTGATGTTCTTCTGGGTGCGCTATCCCAGCTC
CGCGGTGCTCAAGATGTACTTCCCGGACATCAAGTTCAACAAGAACAA
CACAGCACAATTGGTGAAATGGTTCTCGAAC...

Figure 27 : Choix et position des amorces pour l'amplification des transcrits *pros-L* (long) et *pros-S* et du standard *actine 5C* en PCR en temps réel
Représentation d'une partie des exons 2 (en vert) et 3 (en rose) de *pros*. (A) Séquence de *pros-S* à la jonction des exons 2 et 3. Les flèches correspondent à la position des amorces désignées, permettant l'amplification d'un fragment de 110pb spécifique à *pros-S* . (B) Séquence de *pros-L* à la jonction des exons 2 et 3. Les caractères en gras représentent la séquence spécifique à *pros-L*, épissée pour *pros-S*, les flèches correspondent à la position des amorces désignées pour l'amplification d'un fragment de 102pb spécifique à *pros-L*.

52

3.4. Quantification du taux de transcrit du gène cible

L'amplification peut être directement visualisée sous forme de courbes donnant le logarithme de l'intensité de fluorescence en fonction du nombre de cycles, à l'aide du logiciel MyiQ (Bio-Rad). Le Ct est défini lorsque la courbe d'amplification se dégage du bruit de fond et entre dans la phase exponentielle (fig. 26).

- Pour l'ADNc de chaque lignée d'excision, on calcule ΔCt correspondant à la différence entre le Ct du gène cible et le Ct du standard (*actine 5C*). Ceci permet de corriger les erreurs dues aux volumes introduits.

  ΔCt = Ct cible – Ct actine

- On calcule ensuite $\Delta\Delta$Ct permettant de comparer le ΔCt obtenu pour l'ADNc des lignées mutantes ($pros^V$) et l'ADNc contrôle de la souche sauvage (*V14*).

  $\Delta\Delta$Ct = ΔCt $_{V14}$ - ΔCt $_{prosV}$

- On peut alors déterminer la variation (V) du nombre de copies du gène cible par le calcul suivant :

  V = $2^{-\Delta\Delta Ct}$

III. Immuno-histochimie

Tous les marquages anticorps ont été réalisés sur des embryons homozygotes de stade 16 ou sur des organes disséqués de larves III. Pour les larves, nous avons choisi d'étudier le système nerveux central (SNC) et un organe du système nerveux périphérique (SNP) impliqué dans la gustation : le complexe antenno-maxillaire (AMC).

1. Immuno-histochimie

1.1. Liste des anticorps utilisés

Anticorps synthétisés chez la souris
MR1A anti-Prospero, dilution 1 : 4, qui reconnaît la région C-terminale des isoformes S et L (Spana and Doe, 1995); l'anticorps monoclonal 22C10 marque le SNP, 1 : 500 (Fujita, 1982); anti-BP102 marque la région ventrale du SNC, 1 : 100 (Seeger et al., 1993).
Anticorps synthétisés chez le rat

Anti-Elav marqueur neuronal, 1 : 1000 (aimablement fourni par A. Giangrande)

Anticorps synthétisés chez le lapin

Anti-Repo marque les cellules gliales, 1 : 2000 (aimablement fourni par A. Giangrande et J.Urban); anti-Phospho-histone3 marqueur des cellules en prolifération, 1 : 1000 (Sigma).

Anticorps secondaires

Anti-souris Alexa 594, 1 : 200 (Molecular probes, USA), anti-rat Alexa 488, 1 : 400 (Molecular probe, USA) et Alexa 488 anti-lapin, 1 : 200 (Molecular probes, USA).

<u>1.2. Procédure d'immuno-marquage sur embryons et tissus larvaires</u>

Les embryons récoltés sont déchorionnés par un bref passage dans de l'eau de javel 4% puis rincés à l'eau claire. Ils sont alors fixés 20 min sous agitation à température ambiante dans un mélange heptane/PFA 4% PBS 1:1. La phase inférieure est retirée et remplacée par un volume identique de méthanol, le mélange est vortexé 15 s. Après décantation (1 min), la phase supérieure est éliminée avant de procéder à 3 rinçages au méthanol. Les embryons sont stockés dans du méthanol à 4 °C (ou congelés à -20°C) jusqu'à leur utilisation.

Les larves de stade III sont rincées puis disséquées à l'aide de pinces fines dans du PBS 1X, une traction exercée au niveau des crochets entraîne la rupture de la cuticule au niveau du pharynx. La partie antérieure contenant le SNC encore lié à l'AMC est conservée et fixée 5 min (PFA 4%/PBS 1:1) dans la glace, puis 15 min à température ambiante en présence de DOC 4 % et de triton X100 0.4 %. Les tissus sont déshydratés par des passages dans des bains successifs de 2 min dans une solution d'AcNH4 0.3 M/Ethanol absolu (1:1), 10 min dans l'Ethanol absolu puis 10 min dans un mélange Ethanol/ Xylène (1:1). Les organes sont rincés 3 fois dans de l'Ethanol absolu, puis conservés à 4°C dans du Méthanol. Les embryons et les organes larvaires sont réhydratés 5 min dans du PBS 1X puis incubés 30 min à température ambiante dans du PBTA (PBS 1X ; SAB 2 % ; Triton X-100 0,1 % ; azide de sodium 0,02 %) pour saturer les sites de fixation. L'incubation avec l'anticorps primaire, effectuée selon les dilutions préconisées par le fournisseur (§ III.1.1) se fait pendant une nuit à 4°C. Après trois rinçages de 20 min dans du PBTA, les échantillons sont incubés en présence de l'anticorps secondaire, 1 h 30 à l'obscurité. Trois rinçages sont effectués comme précédemment pendant 20 min dans du PBTA. Les embryons et organes larvaires sont alors montés entre lame et lamelle dans une goutte de milieu de montage (Vectashield, Vector laboratories, CA).

1.3. Procédure d'immuno-marquage sur coupes de cerveaux adultes

L'étude a été effectuée sur des mâles agés de 4 et 18 heures et de génotypes suivants : Cs, V1/+ et V14/+. Les coupes ont été réalisées sur des têtes incluses dans une résine de congélation (Tissue-Tek® O.C.T. Compound) et congelées dans de l'azote liquide. Les blocs ainsi formés sont conservés à −20°C. Des sections de 20 µm d'épaisseur ont été réalisée au cryostat Leica CM 3050 selon un plan frontal, celles-ci sont ensuite transférées par capillarité sur des lames de verre SuperFrost (LaboNord, Templemars). Les sections sont décongelées et séchées 10 min à température ambiante avant d'être fixées 30 min à 4°C dans un mélange para-formaldéhyde 4 %/PBS, puis rincées plusieurs fois au PBT (PBS-Tween 0.1%). Les sections montées sur lames sont incubées 30 min à température ambiante, dans une solution de blocage TSA (Tyramine Signal Amplification ; Perkin Elmer Life Sciences, Boston, MA, USA) et incubées une nuit à 4°C en présence de l'anticorps monoclonal MR1A mouse anti-Prospero (1/4 dans la solution de blocage TSA). Les lames sont lavées 3 fois 20 min dans du PBT puis incubées 2 h avec l'anticorps secondaire anti-souris Alexa 594 (1/200). Les lames sont à nouveau rincées 3 fois pendant 20 min dans du PBT et recouvertes par une solution de montage Vectashield (Vector Laboratories, Burlingame, CA, USA) avant d'être observées au microscope à fluorescence (Leica DMRB). Les observations ont été faites sur 6 à 10 mouches pour chaque génotype analysé.

1.4. Microscopie et imagerie

Lorsque les observations ont été faites au microscope confocal (Leica TCS SP2 AOBS équipé d'un microscope DM-RXa2-UV, lasers Argon et HeNe), les images on été prises à l'aide du logiciel LCS lite (Leica) puis traitées avec le logiciel IMARIS 4.0. Pour les observations faites au microscope à fluorescence (Leica DM 5000B), les photos ont été prises avec une caméra Leica DFC300 FX, à l'aide du logiciel Leica FW 4000 (V1.2.1).

2. Analyse de l'apoptose par la réaction TUNEL

Des embryons de stade 16 ainsi que des organes disséqués (AMC et CNS) de larves III ont été traités par la technique TUNEL à l'aide du kit « *in situ* cell death detection kit, AP » (Roche Applied Science). Cette méthode permet de mettre en évidence des cellules en apoptose. On sait que lors de la mort cellulaire, l'ADN est fragmenté, générant des extrémités

3'-OH libres. Le terme TUNEL vient de TdT (Terminal deoxynucleodityl Transferase)-mediated dUTP-biotin NickEnd Labelling. Cette méthode consiste à ajouter un nucléotide marqué aux extrémités 3'-OH, puis à amplifier le signal grâce à une peroxydase.

Les embryons ou AMC et cerveaux de larves disséqués ont été fixés comme décrit dans le paragraphe III.1.2. Après plusieurs rinçages dans du PBT (PBS 0.1% triton), les embryons ou organes larvaires ont été incubés 2 min dans une solution de perméabilisation (0.1% citrate de sodium, 0.1% Triton) puis rincés dans du PBT. La mise en évidence des cellules apoptotiques est réalisée après incubation en présence du réactif TUNEL du kit, 1 h à 37°C dans l'obscurité. Après rinçage dans du PBT, les embryons et organes ont été montés entre lame et lamelle dans du Vectashield (Vector Labs) et analysés au microscope à fluorescence. Le témoin positif a été réalisé en incubant de la DNase I 10 min à température ambiante avant de procéder à la méthode TUNEL.

Partie II : Rôle de *prospero* dans l'AMC. Approche pan-génomique

I. Principe de l'analyse par puces à ADN

L'étude du transcriptome au moyen de puces à ADN repose sur un principe simple d'hybridation d'un mélange d'ADNc marqués, extraits des échantillons à analyser, avec un support (lame de verre, membrane de nylon) sur lequel ont été déposées des sondes pour la totalité ou une partie des gènes d'un organisme. La quantification des signaux d'hybridation pour chacun des gènes représenté sur la puce, reflètera leur niveau d'expression dans l'échantillon analysé.

Dans le cadre de notre étude, les puces utilisées sont des membranes de nylon sur lesquelles ont été déposés 7500 produits de PCR synthétisés à partir de clones d'ADNc issus de la banque « *Drosophila* Gene collection release version 1.0 » (DGC release 1.0 , Berkeley *Drosophila* Genome project). La partie expérimentale et la quantification ont été effectuées sur la plate-forme TAGC (Technologies Avancées pour le Génome et la Clinique, INSERM ERM 206) de la génopole de Marseille et en collaboration avec l'unité INSERM U533 à Nantes.

Chaque membrane a été hybridée 2 fois : d'abord avec l'ADN « vecteur » (constituant le témoin) puis avec l'ADN « complexe » (correspondant à l'échantillon à analyser).

La sonde vecteur correspond à un oligonucléotide radiomarqué (^{33}[P] dATP) complémentaire d'une séquence d'ADN présente dans chaque spot (en général une séquence du vecteur dans lequel ont été clonés les produits PCR). L'étape d'hybridation vecteur sert à estimer le taux d'ADN de chaque spot et rend ainsi l'intensité du signal indépendante de la quantité de produit PCR déposé. Après avoir déshybridé la membrane Nylon de la sonde vecteur, l'échantillon d'ARN reverse transcrit en ADNc radiomarqué, appelé « sonde complexe », est hybridé à cette même membrane. L'intensité est ensuite mesurée pour chaque point de la puce. A la fin de ces deux étapes, on dispose de deux valeurs pour chaque point de la puce: la valeur de l'intensité vecteur (I vecteur) et celle de l'échantillon testé (I échantillon). On peut alors effectuer une correction [I sonde complexe / I sonde vecteur] qui donnera la valeur finale (Bertucci et al., 1999). Les données sont ensuite normalisées.

L'utilisation de logiciels spécifiques permettra ensuite de visualiser ces données de façon claire (regroupement selon des fonctions, des valeurs...). La figure 28 récapitule les différentes étapes d'hybridation et d'analyse.

II. Hybridation

1. Sonde vecteur

1.1. Préparation de l'oligonucléotide radiomarqué

La sonde vecteur est préparée à partir de l'oligonucléotide LBP9 (correspondant à une séquence présente dans les vecteurs pT7T3D, Bluescript et Lafmid) : 5'ACTGGCCGTCATTTTACA3'. 1 µg d'oligonucléotide est radiomarqué en présence de tampon 1X (Forward Reaction Buffer, GIBCOBRL), 3 µl γ^{33}P ATP (5000 Ci/mM ; Amersham Pharmacia Biotech, Bucks, United Kingdom) et 10 U de T4 polynucleotide Kinase (Invitrogen), le tout dans un volume final de 25 µl. Après 10 min d'incubation à 37°C, le tube est placé 10 min à 65°C. Le volume est alors ajusté à 100 µl avec de l'eau, puis la sonde est purifiée sur une colonne de Séphadex G25. La radioactivité de l'éluat est alors mesurée (Beckman Ready Cap) par effet Cerenkov.

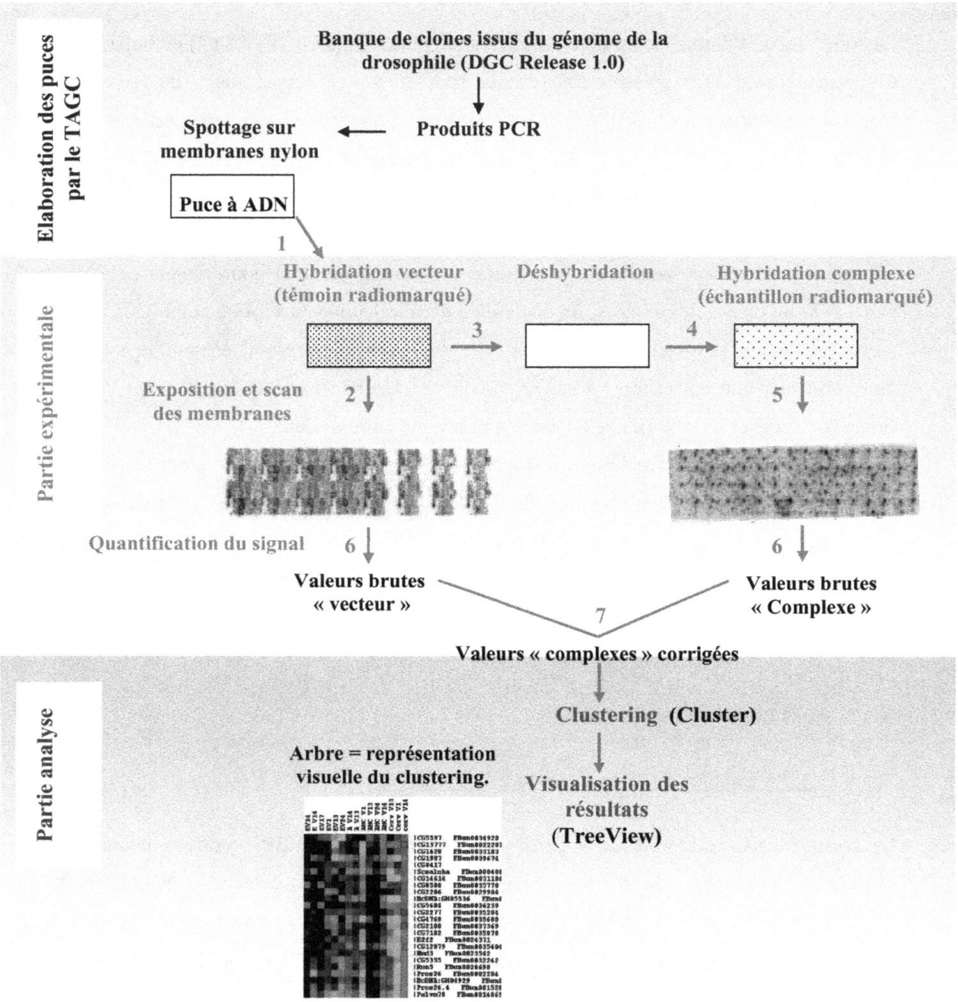

Figure 28 : Différentes étapes d'hybridation et d'analyse des puces à ADN.
Les puces sont des membranes de nylon spotées avec des produits PCR, représentant 7500 gènes de la drosophile, synthétisés à partir d'ADNc de la banque *DGC release 1.0*. Ces membranes sont hybridées une première fois avec une sonde témoin = hybridation vecteur. Celle-ci permet d'estimer la quantité d'ADN liée à la membrane en chaque point de la puce (1). Après déshybridation (3), ces mêmes membranes sont hybridées avec les sondes complexes (4). (5) Après exposition et scan des membranes hybridées avec les sondes complexes et vecteur (2, 5), le signal est quantifié sur les images obtenues (6). Pour chaque point de la membrane, on a donc deux valeurs correspondant aux valeurs brutes vecteurs et complexes. Après correction des valeurs complexes par les valeurs vecteurs correspondantes (7) et homogénéisation des données, celles-ci pourront être analysées.

1.2. Hybridation de l'oligonucléotide marqué

Les membranes sont préhybridées 4 h à 42°C dans le tampon d'hybridation [5X SSC, (citrate de sodium 75 mM, NaCl 0.75M), 5X Denhardt (Ficoll 0,1%, polyvinylpyrrolidone 1 %, albumine de sérum bovin 0,1 %), 0.5% SDS] filtré à 0.8 µm et contenant 100 µg/ml d'ADN de sperme de hareng dénaturé. L'hybridation de la sonde se fait pendant 10 h à 42°C dans une rôtissoire en présence de 50 000 cpm d'oligonucléotide vecteur marqué par ml de tampon d'hybridation. Les membranes sont ensuite rincées 10 min à température ambiante dans du SSC 2X (citrate de sodium 30 mM, NaCl 0.3 M, 0,1% SDS) puis 5 min dans du SSC 2X à 42°C. Les membranes sont ensuite séchées puis exposées dans une cassette équipée d'un écran d'exposition (Raytest/Fuji) pendant 48 h environ. Les écrans ont été scannés grâce au radioimageur Fuji Bas5000 à 50 µm de résolution.

1.3. Déshybridation de la sonde oligonucléotidique

Les filtres sont déshybridés dans la solution de lavage 2xSSC chauffée au bain-marie à 68°C pendant 3 h, en changeant la solution toutes les heures.

2. Sonde complexe

2.1. Marquage des sondes complexes d'ARN

Les ARN totaux d'embryons, de cerveaux et AMC isolés de larves LIII ont été extraits pour cinq lignées différentes: *V1, V13, V17, V24* et *V14*, (voir protocole Partie I § II.1). Pour chaque type d'échantillons et pour chaque allèle, 3 à 4 extractions indépendantes ont été réalisées (tableau 2).

La réaction de marquage a été faite à partir de 3 à 5 µg d'ARN total, 8 µg de dT25 (pour saturer les queues polyA), 0,3 ng d'ARN contrôle CGO3 (ARNm d'un gène provenant d'une autre espèce) dans un volume final de 13 µl. Le mélange est incubé 8 min dans un bain-marie à 70 °C puis 30 min à un gradient de température allant de 70 à 42°C (bloc contenant de l'eau préchauffée à 70 °C placé dans une étuve à 42°C). La transcription inverse se fait en présence de 40 U de RNasin (Ribonuclease inhibitor, Promega), 6 µl de tampon premier brin 5X(GIBCOBRL), 2 µl de DTT 6mM, 0.6 µl de dATG 20 mM (20 mM chacun), 0.6 µl de dCTP 120 µM, 3 µl de α^{33}P dCTP 10 µCi/µl (> 3000 Ci/mM), 1 µl de reverse transcriptase

allèle	Type d'échantillon		
	Embryons entiers	AMC larvaire	Cerveaux larvaires
V14	4 (2)	3 (2)	3 (3)
V13	4 (1)	3 (3)	3 (2)
V24	4 (1)	3 (3)	3 (1)
V1	3 (1)	3 (3)	3 (1)
V17	3 (1)	0	0
Echantillons testés / type d'organe	18 (6)	12 (11)	12 (7)

Total échantillons testés: 42 (24)

Tableau 2 : Echantillons d'ARN testés sur puces
L'analyse par puces à ADN a été faite sur 5 lignées : les lignées mutantes *V1, V13, V17, V24* exprimant des niveau variables de *pros* et la lignée de type sauvage *V14* et sur trois types d'échantillons : embryon, cerveau larvaire, AMC larvaire. Pour chaque condition, 3 à 4 extractions séparées ont été réalisées (chiffre écrit en caractères gras) ; la valeur entre parenthèses indique les hybridations ayant donné un résultat exploitable.

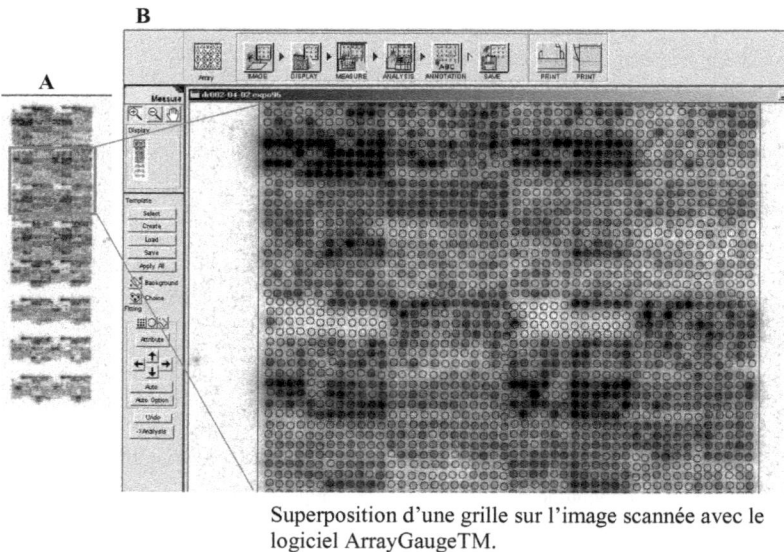

Superposition d'une grille sur l'image scannée avec le logiciel ArrayGaugeTM.

Figure 29 : Quantification du signal radioactif à l'aide du logiciel ArrayGauge
(A) Image scannée de la membrane hybridée, chaque point correspond à un gène. Selon l'abondance de l'ARNm correspondant dans la solution de départ, l'intensité du spot sera plus ou moins importante. (B) Superposition d'une grille à l'image avec le logiciel ArrayGauge. Chaque spot doit se trouver dans un cercle de la grille ; l'intensité est alors mesurée au niveau de chaque cercle et associée au gène correspondant.

(SUPERSCRIPT RNase H free RT, BRL, 200 U/µl) et d'eau pour un volume final de 30 µl, 1 h à 42°C.L'ARN est dégradé en additionnant successivement 1 µl de SDS 10%, 1 µl d'EDTA 0.5 M et 3 µl de NaOH 3 M. Le tube est déposé dans un bain-marie à 68°C pendant 30 min, puis 15 min à température ambiante. La réaction est neutralisée par ajout de 10 µl de Tris 1 M, puis 3 µl d'HCl 2 M. On dénature pendant 5 min à 100°C avec 10 µl de 2µg de dA80, avant d'ajouter 300 µl de tampon d'hybridation préchauffé à 65°C. On incube à nouveau 2 h 30 min à 65°C pour saturer les séquences poly-dT et les éléments répétés. Il n'est pas nécessaire de purifier.

<u>2.2. Hybridation de l'échantillon marqué</u>

Les membranes sont rincées rapidement dans du 2X SSC (0.3 M NaCl, 30 mM NaCl) et préhybridées dans 2 ml de solution d'hybridation (voir plus haut) pendant 6 h à 68°C. Le tampon d'hybridation est alors retiré et remplacé par l'échantillon marqué. L'hybridation se fait à 68°C pendant 48 h sous agitation rotative (rôtissoire). Les filtres sont rincés rapidement dans la solution de lavage préchauffée à 68°C, puis lavés pendant 3 h à 68°C, en changeant la solution toutes les heures. Après un bref lavage dans du 2X SSC, les filtres sont séchés sur du papier absorbant puis exposés dans une cassette équipée d'un écran pendant 48 h environ. Les membranes sont scannées à l'aide d'un radioimageur Fuji Bas5000 à 50 µm de résolution. La déshybridation est faite à 85°C pendant 5 h dans une solution contenant (0.5% SDS, 1 mM EDTA). Après contrôle de la radioactivité, les filtres sont prêts pour un nouveau cycle d'hybridation.

III. Quantification du signal radioactif

Les images scannées sont quantifiées à l'aide du logiciel ArrayGauge (Fuji). Ce logiciel permet de superposer une grille constituée de cercles, à l'image scannée afin que chaque spot soit compris dans un cercle (fig. 29). La grille permet d'associer un spot à un gène donné ; le positionnement exact de la grille est facilité grâce à la présence de témoins (CGO3) dont la position sur la membrane est connue.

Liste des gènes   Numéro du filtre   Type d'ADNc

	1	2	3	4	5	6	42	43	44	45	62
		dr002-004-05	dr002-004-06	dr002-004- 09	dr002-004- 1C	dr002-004- 11	dr002-04-40b	dr002-04-42b	Annotatio	ProbeTyp	UG
1											
2	Empty	NA	NA	NA	NA	NA	NA	NA	IIC1A01I	EVIDE	
3	Empty	NA	NA	NA	NA	NA	NA	NA	IIC1A05I	EVIDE	
4	Empty	NA	NA	NA	NA	NA	NA	NA	IIC1A09I	EVIDE	
5	Empty	NA	NA	NA	NA	NA	NA	NA	IIC1A13I	EVIDE	
6	Empty	NA	NA	NA	NA	NA	NA	NA	IIC1A17I	EVIDE	
7	Empty	1,41	2,01	2,47	2,63	1,63	10,33	4,32	IIC1A21I	EVIDE	
8	CG03	66,4	66,33	98,95	90,55	74,41	116,79	88,61	IIC1A02I	CG03	
9	CG03	64,89	63,7	90,69	89,06	81,36	109,88	95,02	IIC1A06I	CG03	
10	CG03	26,58	22,28	38,61	35,02	35,7	45,43	36,27	IIC1A10I	CG03	
11	CG03	23,19	21,78	33,77	31,63	32,04	35,94	28,67	IIC1A14I	CG03	
12	CG03	14,23	15,78	21,25	21,73	18,09	26,76	26,36	IIC1A18I	CG03	
13	CG03	26,91	30,79	31,13	38,22	33,15	50,14	44,37	IIC1A22I	CG03	
14	(CK0002E	83,73	76,28	130,58	123,61	114,77	225,22	140,51	01A01II	GENE	UG.10 A1
15	(CK0039C	71,04	62,31	102,71	92,85	81,96	138,48	101,96	01A05II	GENE	UG.10 A3
16	(CK0053E	6,33	7,99	11,23	10,91	11,34	19,03	13,82	01A09II	GENE	UG.10 A5
17	(CK0108:	36,32	28,55	49,78	51,58	44,4	76,57	60,41	01A13II	GENE	UG.10 A7
18	(CK0222S	30,79	32,88	49,9	46,88	43	58,56	42,34	01A17II	GENE	UG.10 A9
19	(GM0100	50,29	53,08	79,45	73,75	70,66	120,4	88,93	01A21II	GENE	UG.10 A11
20	GM01045	17,98	15,76	23,76	23,45	21,97	28,14	17,08	01A02II	GENE	UG.61 A1
9212	_ _ _	NA	NA	NA	NA	NA	NA	NA	22P04II	VIDE	
9213	_ _ _	NA	NA	NA	NA	NA	NA	NA	22P08II	VIDE	
9214	_ _ _	NA	NA	NA	NA	NA	NA	NA	22P12II	VIDE	
9215	_ _ _	NA	NA	NA	NA	NA	NA	NA	22P16II	VIDE	
9216	_ _ _	NA	NA	NA	NA	NA	NA	NA	22P20II	VIDE	
9217	_ _ _	NA	NA	NA	NA	NA	NA	NA	22P24II	VIDE	
9218		0,37	0,34	0,705	0,62	0,64	1,015	0,85	mediane vides		1
9219		0,74	0,68	1,41	1,24	1,28	2,03	1,7	seuil: mediane vides x2		2
9220		3,52	3,54	7,71	7,48	7,3	10,89	11,07	Mediane		3
9221											

Figure 30 : Traitement des données vecteur sous Excel, étape d'épuration du bruit de fond.
Les valeurs vecteurs brutes sont rentrées dans un tableau Excel. Chaque colonne correspond à une puce (un échantillon). La première colonne donne les informations sur la nature du point : vide (Empty), contrôle (ex CG03) ou gène. Dans ce tableau, les valeurs non significatives (inférieures au seuil de signification) sont notées « NA ». Le seuil de signification (2) est indiqué pour chaque filtre : il correspond à la valeur médiane calculée sur les vides (Empty) (1) multipliée par 2. Cette étape permet d'éliminer toutes les valeurs peu différentes du bruit de fond. Les valeurs significatives sont ensuite normalisées afin de corriger les variations dues à la quantité d'ADN présente sur chaque membrane avant l'hybridation. Pour cela, toutes les valeurs d'une membrane sont divisées par la médiane calculée sur les valeurs significatives de cette même membrane (3).

A la fin du processus d'hybridation, chaque membrane aura donc été quantifiée deux fois : la première quantification correspond à l'hybridation avec la sonde vecteur (= « valeurs vecteurs »), tandis que la deuxième correspond à la sonde complexe (= « valeurs complexes »). Pour chaque point de la puce, nous disposons donc d'une valeur témoin et d'une valeur expérimentale. Ces données brutes « vecteurs » et « complexes » sont exportées dans des tableaux Excel. Différentes corrections doivent ensuite être appliquées à ces données brutes avant de pouvoir les analyser.

IV. Traitement et normalisation des données

1. Epuration du bruit de fond sur les valeurs « vecteur »

La première étape consiste à supprimer les valeurs « vecteur » dont l'intensité est proche du bruit de fond et donc non significatives. Le seuil en dessous duquel les valeurs seront considérées comme non significatives est obtenu en calculant la médiane des valeurs correspondant aux zones vides de la puce. Pour que ce seuil soit significatif, la médiane obtenue est multipliée par 2. Pour chaque membrane, les valeurs inférieures ou égales à ce seuil seront indiquées comme non significatives (fig. 30).

2. Normalisation des données vecteurs

L'étape de normalisation consiste à diviser toutes les intensités de chaque membrane par la médiane des valeurs significatives de cette même membrane (fig. 30). Cette étape permet d'homogénéiser les membranes et d'atténuer les différences dues à la quantité d'ADNc déposée lors du « spottage » de la puce.

3. Correction des valeurs complexes par les valeurs vecteur

Après normalisation des valeurs vecteurs, chaque valeur complexe est divisée par la valeur vecteur normalisée correspondante.

Intensité normalisée A = valeur complexe gène A /valeur vecteur gène A.

Cette correction permet de s'affranchir des variations dues à la quantité d'ADNc déposée au niveau de chaque spot et donc de comparer les intensités pour les différents échantillons testés.

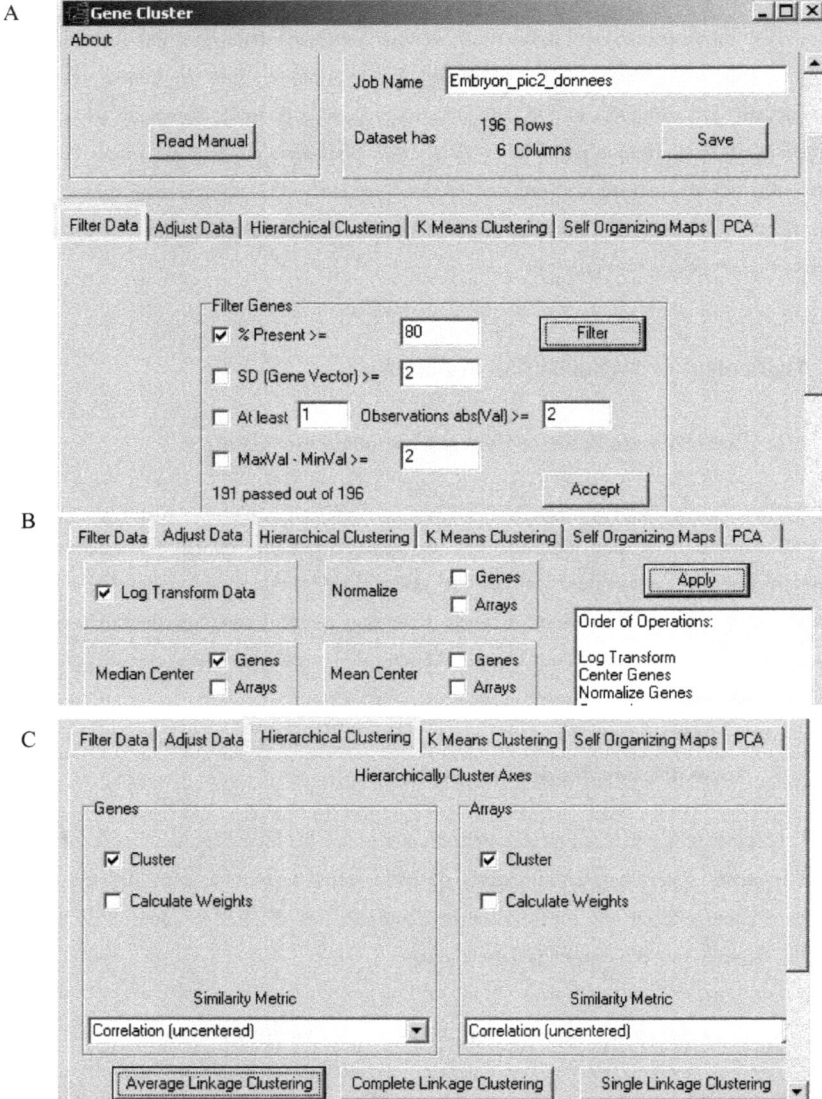

Figure 31 : Utilisation du logiciel Cluster

Les données à traiter sont importées en fichier .txt et filtrées : les gènes pour lesquels on ne dispose pas de valeurs dans 80% des filtres sont éliminés (A). (B) Les valeurs sont « log » transformées et centrées sur la médiane pour chaque gène. Ceci permettra la visualisation sous TreeView. En effet les valeurs supérieures à la médiane apparaîtront rouge (surexpression) alors que les valeurs inférieures apparaîtront vertes (sous-expression). (C) le clustering hiérarchique peut alors être effectué. Dans ce cas, il a été réalisé sur les gènes et les filtres (Arrays), mais il peut être réalisé sur les gènes uniquement, dans le cas où les filtres doivent être ordonnés.

A ce niveau, les données sont en mesure d'être analysées, nous avons cependant ajouté une étape de correction supplémentaire. En effet, nous avons réalisé deux campagnes d'hybridation : une première en mai 2004 et une deuxième en mai 2005. Bien qu'ayant travaillé dans les mêmes conditions et réutilisé les mêmes filtres, des variations dues aux manipulations et à une perte d'ADNc spotté sur les filtres, peuvent faire varier les résultats obtenus de manière importante. Nous avons donc soumis l'ensemble de nos données (2004 et 2005) à un traitement de type Lowess (pour locally weighted scatter plot smooth) qui normalise l'ensemble des données en effectuant un lissage local des valeurs par rapport à un profil médian de tous les filtres.

V. Analyse et interprétation des données normalisées

1. Classification hiérarchique

Le logiciel Cluster permet de classer des gènes et les échantillons selon la similitude de leur profil d'expression. Cette classification hiérarchique se présente sous la forme de deux dendrogrammes classant les gènes et les échantillons. Pour cela, les données filtrées et normalisées sont importées sous la forme d'un fichier texte dans le logiciel Cluster (fig. 31). Le logiciel va d'abord effectuer un filtrage des données sur différents paramètres ; en sélectionnant par exemple les gènes pour lesquels une mesure est présente dans 80% des échantillons analysés (soit au moins 20 sur les 24 analysés) (fig. 31). Les données subissent en général une transformation logarithmique puis un centrage médian des gènes (fig. 31 B). Le centrage médian facilitera la visualisation des données sous TreeView: un point vert signifie que la valeur associée au gène dans une condition donnée est inférieure à la valeur médiane et donc indique une sous-expression, inversement un point rouge indiquera une surexpression.

Une fois ces opérations terminées, on peut lancer la classification hiérarchique sur les gènes et les échantillons ou bien sur les gènes uniquement si l'utilisateur souhaite ordonner les échantillons lui-même (fig. 31 C). Au cours de cette étape, le logiciel va rechercher des similitudes entre les paires de gènes par le calcul de leur corrélation afin de construire le dendrogramme.

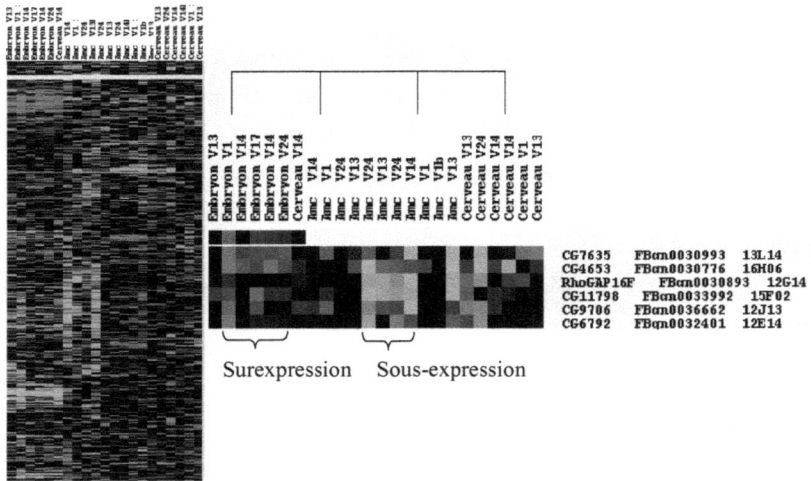

Figure 32 : Classification hiérarchique des données.
Chaque valeur est matérialisée par un point dont la couleur peut varier du vert clair au noir et du noir au rouge indiquant respectivement une sous- ou une surexpression d'un gène. Les gènes ayant un profil d'expression similaire sont regroupés dans une même région. Sur le côté de l'arbre se trouve une vue agrandie de la région sélectionnée en jaune.

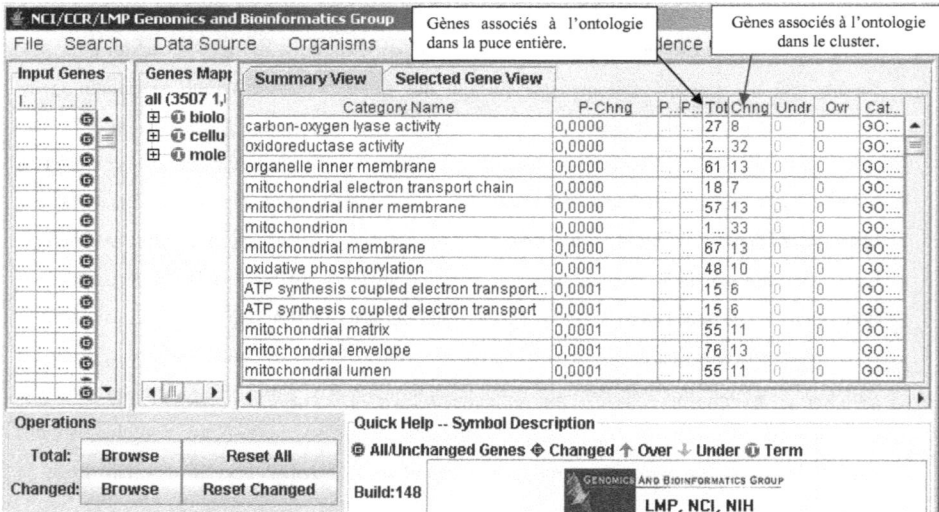

Figure 33 : Annotation fonctionnelle d'un cluster avec GoMiner .
Le logiciel compare la représentation de différents termes d'ontologies dans la puce totale par rapport à leur représentation dans le cluster. Les tests statistiques (P-chng) permettent de déterminer si l'enrichissement d'un terme dans le cluster est significatif. Ici, le cluster est associé de manière très significative ($p<10^{-5}$) à la mitochondrie (localisation sub-cellulaire et fonction).

2. Visualisation des résultats à l'aide du logiciel Treeview

La classification hiérarchique peut être visualisée sous la forme d'un dendrogramme à l'aide du logiciel TreeView. Un code couleur rouge/vert (que l'on peut changer) permet de visualiser le comportement des gènes dans différentes conditions expérimentales. Dans notre étude, il s'agissait de voir si l'expression d'un certain nombre de gènes était modifiée dans une ou plusieurs lignée mutante et ce, en fonction du tissu analysé. Chaque valeur est représentée par un carré, et correspond à la mesure de l'expression d'un gène dans un échantillon (rapportée à la valeur médiane pour ce même gène). Si la valeur est inférieure à la médiane, le carré sera de couleur verte indiquant par conséquent une sous expression de ce gène pour cet échantillon. A l'inverse une surexpression sera matérialisée par un carré rouge (fig. 32). Dans cette représentation, les gènes qui présentent un profil d'expression proche pour l'ensemble des échantillons testés seront regroupés en « clusters ». Ces groupes de gènes corrélés sont ensuite sélectionnés afin de trouver leur fonction biologique (fig. 32).

VI. Annotations fonctionnelles à l'aide de GoMiner

En 1998, Eisen et coll. ont montré que les gènes groupés dans un même cluster étaient impliqués dans une fonction biologique commune. Ainsi, la co-expression, dans un même cluster, de gènes identifiés et de gènes de fonction inconnue, est un bon moyen d'obtenir de nouvelles informations sur ces derniers. Il est donc souvent plus intéressant d'un point de vue fonctionnel, d'étudier les groupes de gènes qui varient au sein de la puce, plutôt que de faire une analyse gène par gène.

Lors de l'analyse de données de puces à ADN, l'enjeu est d'arriver à donner une signification fonctionnelle à la liste de gènes dont l'expression varie. Le consortium Gene Ontology (GO) annote les gènes en catégories basées sur les processus biologiques, les fonctions moléculaires et la localisation sub-cellulaire. Il permet donc de disposer d'un vocabulaire pour décrire les gènes dans n'importe quel organisme. Le logiciel GoMiner (Zeeberg et al., 2003) facilite l'analyse et l'organisation des résultats pour une interprétation rapide en catégorisant une liste de gènes selon la structure hiérarchique de GO. Lors de l'utilisation de GoMiner, les données relatives à l'ensemble des ontologies de GO se rapportant à *Drosophila melanogaster*, la liste totale des gènes de la puce ainsi que la liste de gènes du cluster d'intérêt sont soumises au logiciel. GoMiner compare alors l'enrichissement de termes d'ontologie présents dans le cluster étudié par rapport à leur représentation dans la totalité de la puce. Les ontologies peuvent ensuite être classées selon leur niveau de signification (test student), les plus significatives pourront être associées au cluster (fig. 33).

VII. Recherche de gènes différentiels

Nous avons remarqué que le mutant *V1* se différencie nettement du sauvage et souvent également des autres lignées mutantes de phénotype intermédiaire. C'est pourquoi, afin d'augmenter nos chances de mettre en évidence des gènes cibles de *pros*, nous avons axé en priorité cette étude sur la recherche des gènes exprimés différentiellement entre le mutant *V1* et le sauvage *V14* ou bien entre *V1* et tous les autres, et ce, pour chaque type de tissu. Pour cela, nous avons calculé un score pour chaque gène de la puce :

$$\text{Score} = \frac{\text{moyenne des valeurs } V1 \text{ -moyenne des valeurs } V14 \text{ (ou tous les autres variants)}}{\text{écart type de toutes les valeurs}}$$

Les scores pourront prendre des valeurs proches de 0 pour les gènes non différentiels, des valeurs positives pour les gènes surexprimés ou des valeurs négatives pour les gènes sous exprimés dans *V1*. Les gènes ayant les scores les plus élevés (valeurs les plus positives ou les plus négatives) ont été considérés comme différentiels, pour cela, différents seuils ont été testés. Ces gènes ont ensuite été positionnés dans la classification hiérarchique (image TreeView) afin de trouver leurs fonctions.

VIII. Recherche d'un motif commun dans les promoteurs des gènes d'un même cluster.

Pour chaque cluster d'intérêt, nous avons fait une recherche de motif commun dans le promoteur des gènes les plus corrélés (coefficient de corrélation = 0.9). La corrélation est donnée par le logiciel TreeView. Pour chacun de ces gènes, la séquence s'étendant de - 1700 à +300 pb par rapport au +1 du site d'initiation de la transcription (région susceptible de contenir un ou plusieurs site de fixation à un facteur de transcription) a été récupérée sur le serveur (ftp://ftp.ensembl.org/pub/current_*Drosophila_melanogaster*/data/fasta/cdna/) ftp ensembl. Les séquences ont ensuite été analysées par échantillonnage de Gibbs sur le site RSA Tools (Regulatory Sequence Analysis tools ; http://rsat.ulb.ac.be/rsat/), cette analyse permet de trouver un motif partagé par toutes les séquences. Suite à l'analyse, les séquences « logo » ont été générées avec le logiciel Weblogo (http://weblogo.berkeley.edu/).

IX. Validation par PCR en temps réel

Pour vérifier les résultats obtenus d'après l'analyse des puces à ADN, nous avons utilisé la PCR en temps réel pour valider les clusters obtenus (partie I § II.3), les amorces utilisées sont données dans le tableau 2 bis.

Gène amplifié	Amorce sens (5'-3')	Tm	Amorce antisens (5'-3')	Tm
caps	GCAGCCTGGATGAAGGTTTA	52	ATGGCGCAGCCATAGTAGTC	54
Cdk4	TACAACAGCACCGTGGACAT	52	GGTCCAGCTGATTCTTTTCG	52
Hb	CCTTCCAGTGCGACAAATG	51	ATCCGCACAACGGTACTGA	51
Iap2	AAGGACTGGCCGAATCCCAACATC	59	CGTTGCACCAAACACACTTC	52
Nak	AGGAAGCATCACAGCAAAAT	48	GCACCAGGAGCAGCTGTAAC	56
Nej	AATGGATCCAACGGATATCTCT	51	CTGATCCGACCAGCCACTAT	54
Notch	AACACCGTTCGCGGAACTGATACCG	61	GGTTTTGCCATTGAGTTGTG	50

Tableau 2 bis : Amorces utilisées pour la validation des résultats obtenus des puces à ADN par PCR en temps réel.

Partie III : Identification des séquences ci-régulatrices de *pros*

I. Lignées pré-établies utilisées

Les lignées *LacZ* utilisées pour l'étude préliminaire des séquences régulatrices de *pros* ont été fournies par l'équipe de R.W. Carthew (Université de Pittsburgh) et ont été précédemment décrites (Xu et al., 2000). Brièvement, les constructions ont été établies dans un vecteur de type pWnβE-hs et comportent différentes portions des séquences 5' flanquantes de *pros* en amont du gène rapporteur *LacZ*. Les lignées: *-12.2kb pros/LacZ (*notée *12.2-lacZ); CasH3 035 -10.2kb pros/LacZ (10.2-lacZ) ;Cas9.1 001 -9.1kb pros/LacZ (9.1-lacZ); -6.8Kb*

69

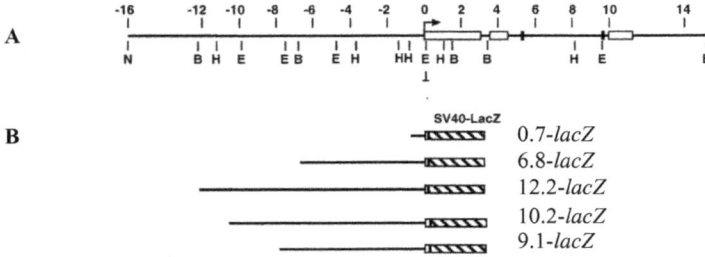

Figure 34: Représentation schématique des gènes de fusion *pros-LacZ* fournies par l'équipe de R.W. Carthew (figure modifiée d'après Xu et coll., 2000)
(A) Carte de restriction du locus *pros*, les distances sont données en kb à partir du site d'initiation de la transcription (0). (B) Des fragments de taille variable contenant le site d'initiation de la transcription de *pros* et une portion 5' du gène ont été fusionnés au site d'initiation de la traduction du gène rapporteur *LacZ* (rectangle hachuré).

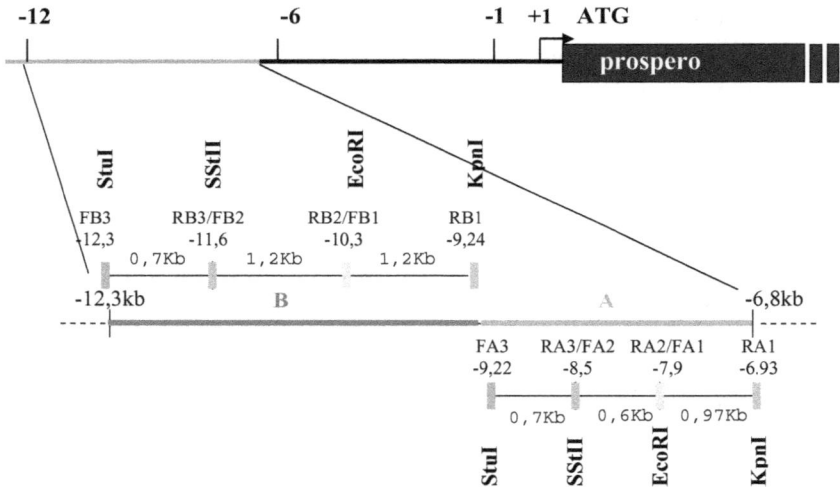

Figure 35 : Séquence étudiée s'étendant de -12.3 à -6.8kb en 5' de la séquence codante de *pros*.
Dissection moléculaire de la région s'étendant de -6.8 à -12.3kb. Cette région a été divisée en 2 grandes parties : A de -6.93 à -9.22kb et B de -9.24 à -12.3Kb. A et B ont-elles même été subdivisées en 3 portions (A1, A2, A3 et B1, B2, B3). La présence de sites de restriction uniques permet de lier les différents fragments les uns aux autres. Les sites indiqués en gris ont été rajoutés lors de la désignation des amorces. La position des amorces est indiquée. F : amorce sens, R : amorce antisens.

pros/LacZ (6.8-lacZ) ; -0.7kb pros/LacZ (0.7-lacZ) contiennent respectivement : 12.2, 10, 9.1, 6.8 kb et 700pb des séquences 5' situées en amont du site +1 d'initiation de la transcription (fig. 34).

II. Construction de lignées transgéniques pour l'étude des séquences régulatrices de *pros*

1. Lignées utilisées pour la construction et l'établissement de lignées transgéniques

Toutes les séquences 5' flanquantes de *prospero* ont été amplifiées à partir d'ADN génomique de la lignée sauvage *CS*. Les constructions contenant les séquences régulatrices de *pros* ont été injectées par transgénèse dans des individus de la souche *w1118* qui possède un fond génétique déficient pour le gène *white* (Bloomington #3605).

Pour les croisements génétiques, nous avons utilisé la lignée *C250 Ap/Cyo Sb* (*CyO* : ailes recourbées, mutation portée par le chromosome 2 ; *Sb* : soies cassées, porté par le chromosome 3 ; J.A. Lepesant) qui permet de déterminer le chromosome d'insertion du transgène. La visualisation du patron d'expression du transgène a pu se faire par croisement avec la lignée *UAS CD8 GFP / Cyo* permettant ainsi l'expression de la protéine GFP.

2. Choix et amplification des régions d'intérêt par PCR

Nous avons étudié la séquence située entre -6.8 et -12.2 kb en amont du gène *pros*. Cette région a été subdivisée en 6 fragments de tailles comprises entre 0.6 et 1.2 kb (fig. 35). L'amplification des différents fragments a été réalisée à partir d'ADNg de la souche sauvage *CS*, à l'aide d'amorces spécifiques dans lesquelles des sites de restriction enzymatiques ont été introduits en prévisions des sous-clonages ultérieurs (tableau 3).

3. Clonage des portions de la région 5' non traduite de *prospero*

3.1. Extraction d'ADN génomique (ADNg)

50 mouches de la lignée sauvage ont été broyées dans 500 µl de tampon de lyse (Tris-HCl 0,1 M pH 9 ; EDTA 0,1 M ; SDS 1 %), puis incubées pendant 30 min à 70°C afin d'inactiver les désoxyribonucléases. Les protéines sont précipitées par ajout d'acétate de

71

Nom	Séquences des amorces	Sites de restriction	Tm	Taille du fragment amplifié
FA1	5'GGCCAGAATTCAACCAAAGA3'	EcoRI	60	970pb
RA1	tctggtaccCGATAGGCTGGCGGTTATTA	KpnI	60.5	
FA2	TCATCCACCGCGGAGGA	SStII	65	600pb
RA2	5'TTGGTTGAATTCTGGCCATC3'	EcoRI	60.84	
FA3	GCAAACAAAGGCCTAGATGG	STuI	59.7	700pb
RA3	TCCTCCGCGGTGGATGA	SSTII	65	
FB1	CATTCGCGTAATGAATTCG	EcoRI	57.7	1200pb
RB1	tctggtaccCGCTGACGATGATGGTCTT	KpnI	59.8	
FB2	TCTATGCCCGCGGAGATAA	SSTII	61.7	1200pb
RB2	CTCGGGCCGAATTCATTAC	EcoRI	60.4	
FB3	tctaggcctCGGGAATAATCCGAAAACAA	STuI	59.77	700pb
RB3	TATCTCCGCGGGCATAGAA	SSTII	61.7	

Tableau 3 : Amorces utilisées pour l'étude des région cis-régulatrices de *pros*.
Les amorces ont été déterminées de manière à avoir un site de restriction (région colorée) correspondant à un site de la région de polyclonage du vecteur pPTGal à chaque extrémité du fragment amplifié. La présence de ces sites permettra par la suite d'étudier ces séquences individuellement ou de manière fusionnée. Dans le cas où aucun site de restriction n'était présent, un site a été ajouté lors de la désignation des amorces (lettres minuscules). Pour chaque couple d'amorces sont indiqués la température d'hybridation (Tm) et la longueur du fragment amplifié.

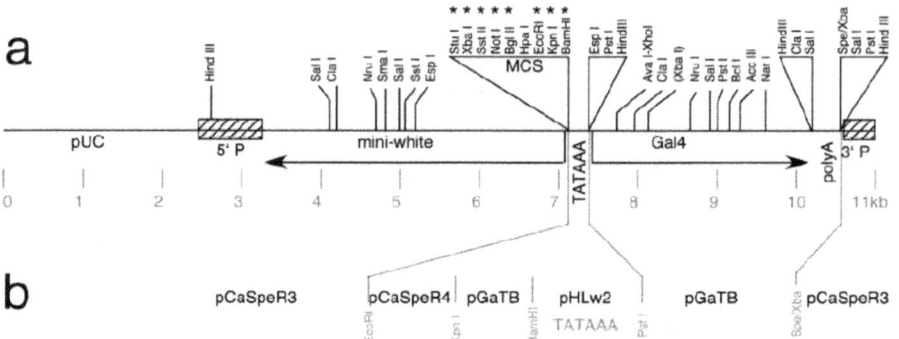

Figure 36 (Sharma et coll., 2002) : carte du vecteur pPTGAL
(a) le vecteur pPTGAL, basé sur le vecteur CaSperR3, contient une séquence *Gal4* dirigée par un promoteur minimal (de type TATA) en aval d'un site de polyclonage (MCS) permettant l'insertion des fragments d'ADN. Le site de polyclonage contient des sites de restrictions uniques (astérisques) parmis lesquels figurent EcoRI, SstII, StuI et KpnI, utilisés pour l'insertion des séquences à étudier. (b) Source des fragments utilisés dans la construction du vecteur pPTGAL.

potassium à la concentration finale de 1 M, 30 min dans la glace, puis éliminées avec le surnageant en centrifugeant deux fois 10 min à 15 000 g à 4 °C. Les acides nucléiques sont alors précipités par ajout d'un volume d'isopropanol. Après centrifugation (5 min à 15 000 g à 4 °C), le culot d'acides nucléiques est lavé deux fois à l'éthanol 70 %, puis séché sous vide et repris dans 100 µl de TE (Tris-HCl 10 mM ; EDTA 1 mM).

L'ADNg est ensuite traité à la RNase (10 µg/µl) afin d'éliminer les ARN ribosomaux et de transfert présents en quantité non négligeable. La concentration d'ADNg est calculée par spectrophotométrie (1 U DO_{260nm} correspondant à 50 µg d'ADN /ml).

3.2. Amplification par PCR

L'amplification est réalisée sur 1 µl d'ADNg de souche sauvage dans un tampon réactionnel (Tris-HCl 20 mM pH 8,4 ; KCl 50 mM ; DTT 1 mM), additionné de $MgCl_2$ (1,5 mM), d'un mélange des 4 dNTP (0,2 mM chacun), des amorces (0,5 mM chacune ; tableau 3) et de 2.5 U de Platinum Taq polymérase high fidelity (Invitrogen). L'amplification est réalisée dans un thermocycleur programmable avec couvercle chauffant (MJ RESEARCH, Minicycler PTC-200). Une dénaturation de 3 min à 94 °C précède l'amplification. Chaque cycle de PCR comprend une étape de dénaturation 45 s à 94 °C, une étape d'hybridation des amorces de 30 s à 55 °C puis une étape de polymérisation des nucléotides à partir de l'amorce à 72 °C pendant 1 min par kb à amplifier. Trente cycles sont ainsi réalisés avant d'effectuer une extension finale de 10 min à 72°C.

3.3. Purification

Les fragments d'ADN à analyser (produits d'amplification, fragments de restriction...) sont séparés par électrophorèse en gel d'agarose préparé à partir de tampon TAE 1X (Tris 40 mM ; acide acétique glacial 0,1 % ; EDTA 1 mM), contenant du bromure d'éthidium (0,5 µg/ml) pour révéler les acides nucléiques. La concentration en agarose varie de 0,5 % à 2 % (poids/volume) pour séparer respectivement des grands ou des petits fragments.

Les échantillons sont additionnés d'1/10ème de tampon de charge (glycérol 50 % et de bleu de bromophénol 0,5 %) pour faciliter leur dépôt et visualiser leur migration. L'électrophorèse est effectuée à voltage constant (5 V/cm de gel) dans du tampon TAE 1X. La taille des fragments d'ADN à analyser est estimée par comparaison avec des marqueurs de masse moléculaire connue (100 pb DNA Ladder, 1 kb DNA Ladder ou λ DNA EcoRI/HindIII Markers, 3 ; MBI FERMENTAS).

Les fragments d'intérêt sont purifiés sur colonne échangeuse d'anions avec le kit "QiaQuick extraction gel" (QIAGEN) après découpage de la bande d'agarose correspondante sous éclairage U.V.. L'ADN, extrait selon les recommandations du fournisseur, est élué par 50 µl d'eau puis dosé par spectrophotométrie.

3.4. Insertion dans un vecteur

Tous les produits PCR ont d'abord été clonés dans le vecteur pGem-T Easy (Promega) qui permet un clonage rapide. Les séquences destinées à l'utilisation en transgénèse ont ensuite été clonées dans le vecteur pPTGal.

Le vecteur pPTGAL est adapté pour l'étude d'éléments régulateurs chez la drosophile (Sharma et al., 2002) (fig. 36). Ce vecteur est un élément P contenant un promoteur minimal (boîte TATA) devant une séquence Gal4. Un site de polyclonage, comprenant des sites de restrictions uniques, permet d'insérer les différents fragments en amont de ce promoteur. Pour chaque clonage, la séquence amplifiée et purifiée a été digérée par les enzymes de restriction adaptées, de même que le vecteur pPTGAL. Les digestions ont été effectuées à partir d'1 µg d'ADN purifié dilué dans de l'eau stérile pour obtenir un volume final de 18 µl. 2 µl du tampon de restriction (10X) adapté sont ajoutés puis 1 U d'enzyme de restriction correspondante. Le mélange est incubé 1 heure à 37°C, la réaction est ensuite stoppée par ajout de 0.5 µl d'EDTA à 0.5 M pour une concentration finale de 10 mM. Les fragments digérés ainsi que le vecteur ont ensuite été purifiés à l'aide d'un kit d'extraction d'ADN (Midi-prep, QIAGEN). La ligature est effectuée à partir des produits digérés durant une nuit à 4 °C dans un tampon (Tris-HCl 30 mM ; MgCl$_2$ 10 mM ; DTT 10 mM ; ATP 1 mM ; polyéthylène glycol 10 % ; pH 7,8) en présence de 1 U de T4 ligase, dans un rapport molaire insert/vecteur de l'ordre de 5/1.

3.5. Transformation bactérienne

La totalité du produit de ligature est incubée 30 min à 4°C avec 100 µl de bactéries Escherichia coli DH5α (Bibco BRL) compétentes (10^6 bactéries/ml préparées selon la procédure décrite par Sambrook et coll. (1989). L'ADN adsorbé sur les parois pénètre dans les bactéries après un choc thermique de 40 s à 42°C, puis 2 min à 4°C. La suspension est ensuite additionnée de 900 µl de milieu LB liquide (NaCl 10 g/l ; Bacto-tryptone 10 g/l ; extrait de levure 5 g/l), puis placée 30 min à 37°C sous agitation douce, afin de faciliter

a/ Injection du transgène dans des embryons au stade syncitial

Embryons w1118

vecteur pPTGAL contenant le fragment d'intérêt.

b/ Croisement génétique des adultes émergeants avec des individus w1118

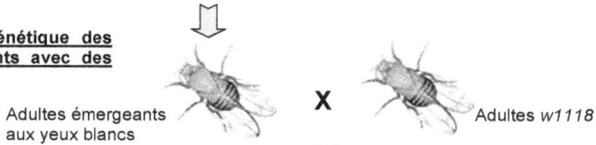

Adultes émergeants aux yeux blancs

X

Adultes w1118

c/ Sélection des individus transgéniques et amplification de la lignée.

Adultes aux yeux rouges, issus de F1, ayant incorporé le transgène

X

Adultes w1118

d/ Lignées transgéniques hétérozygotes

Figure 37 : Obtention des lignées transgéniques.
a/ La préparation d'ADN (vecteur *pPTGAL* contenant la séquence d'intérêt + vecteur « helper ») est injectée dans des embryons *w1118* âgés de 30 min à 1 h. b/ Les adultes émergeant croisés avec des individus *w1118*. c/ Les individus transgénique issus de la F1 auront les yeux rouges. Chaque individu transgénique est amplifié séparément avec des individus *w1118* afin d'obtenir une lignée hétérozygote.

l'expression des gènes nouvellement acquis (notamment celui conférant la résistance à l'antibiotique apportée par le plasmide). La suspension est étalée sur un milieu sélectif solide LB (bactotryptone 1 % ; extraits de levure 0,5 % ; NaCl 0,5 % ; agar 1,5 %, ampicilline 50 mg/ml), seules les bactéries ayant été transformées par un plasmide pourront se multiplier et former une colonie après incubation d'une nuit à 37°C.

3.6. Préparation de l'ADN

Mini préparations et séquençage de l'ADN plasmidique

Les colonies bactériennes sont ensemencées dans 3 ml de milieu LB liquide additionné d'ampicilline (50 µg/µl) et incubées une nuit à 37°C sous agitation (Multitron INFORS, 250 rpm). Les bactéries, culottées par centrifugation 2 min à 5 000 g, sont reprises dans 100 µl d'une solution Tris-HCl 25 mM pH 7,5 ; EDTA 10 mM ; glucose 1 % ; RNaseA 100 µg/ml, puis lysées (5 min à température ambiante) par ajout de 200 µl de solution dénaturante (NaOH 0,2 M ; SDS 1 %) préparée extemporanément. L'ADN chromosomique, ainsi que les protéines complexées par le SDS, sont précipités par addition d'un demi volume (150 µl) d'une solution d'acétate de potassium (8 M pH 4,8 ; 15 min à 4°C) et centrifugées 10 min à 14000 g. Le surnageant est prélevé et additionné à un volume d'isopropanol (400 µl) afin de précipiter les acides nucléiques. Après centrifugation 10 min à 14 000 g, le culot est lavé deux fois par un volume d'éthanol à 70 %, puis séché et remis en suspension dans 20 µl d'eau . La présence de l'insert est vérifiée par digestion enzymatique de 2 µl de cet ADN avant le séquençage. Les fragments d'intérêt clonés dans le plasmide pGem-T Easy (Promega) ont été séquencés (société MWG-Biotech, Ebersberg, Allemagne) dans les deux orientations à l'aide des amorces T7 et Sp6 présentes dans le vecteur, à partir de 2 µg d'ADN plasmidique.

Midi préparation d'ADN plasmidique et purification

Les clones de bactéries transformées avec le vecteur pPTGAL contenant la séquence d'intérêt sont mises en culture dans 25 ml de milieu LB additionné d'ampicilline afin d'obtenir une grande quantité de culture. Après une nuit d'incubation à 37°C sous agitation, les bactéries sont collectées par centrifugation 15 minutes à 4°C à 6000g. Le plasmide est alors purifié sur colonne QIAGEN en suivant le protocole du fournisseur. Le culot d'ADN contenant le plasmide est dissous dans 100 µl de tampon TE 1X (Tris 1 M pH 7,5, EDTA 0,5 M).

A

Individus transgéniques yeux colorés **X** Individus lignée *C250 (Ap/Cyo Sb)*

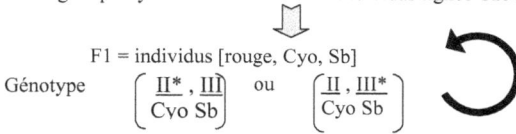

F1 = individus [rouge, Cyo, Sb]

Génotype $\left[\dfrac{II^* , III}{Cyo\ Sb} \right]$ ou $\left[\dfrac{II , III^*}{Cyo\ Sb} \right]$

B

Transgène sur II*	II*, III	II* Sb	Cyo III	Cyo Sb
II* III	II* III / II* III [rouge]	II* Sb / II* III [rouge, Sb]	Cyo III / II* III [orange, Cyo]	Cyo Sb / II* III [orange, Cyo Sb]
II* Sb	II* III / II* Sb [rouge, Sb]	II* Sb / II* Sb +	Cyo III / II* Sb [orange, Cyo Sb]	Cyo Sb / II* Sb +
Cyo III	II* III / Cyo III [orange, Cyo]	II* Sb / Cyo III [orange, Cyo Sb]	Cyo III / Cyo III +	Cyo Sb / Cyo III +
Cyo Sb	II* III / Cyo Sb [orange, Cyo Sb]	II* Sb / Cyo Sb +	Cyo III / Cyo Sb +	Cyo Sb / Cyo Sb +

Si l'insertion est **viable à l'état homozygote**, les phénotypes suivants seront obtenus
[rouge] : 1/9   [Rouge, Sb] : 2/9   [orange, Cyo] : 2/9   [orange, Cyo Sb] : 4/9
Si l'insertion est **létale à l'état homozygote** :
[rouge] : -   [Rouge, Sb] : -   [orange, Cyo] : 2/6   [orange, Cyo Sb] : 4/6

C

Transgène sur III*	II, III*	II Sb	Cyo III*	Cyo Sb
II III*	II III* / II III* [rouge]	II Sb / II III* [orange, Sb]	Cyo III* / II III* [rouge, Cyo]	Cyo Sb / II III* [orange, Cyo Sb]
II Sb	II III* / II Sb [orange, Sb]	II Sb / II Sb +	Cyo III* / II Sb [orange, Cyo Sb]	Cyo Sb / II Sb +
Cyo III*	II III* / Cyo III* [rouge, Cyo]	II Sb / Cyo III* [orange, Cyo Sb]	Cyo III* / Cyo III* +	Cyo Sb / Cyo III* +
Cyo Sb	II III* / Cyo Sb [orange, Cyo Sb]	II Sb / Cyo Sb +	Cyo III* / Cyo Sb +	Cyo Sb / Cyo Sb +

Si l'insertion est **viable à l'état homozygote**, les phénotypes suivants seront obtenus :
[rouge] : 1/9   [Rouge, Cyo] : 2/9   [orange, Sb] : 2/9   [orange, Cyo Sb] : 4/9
Si l'insertion est **létale à l'état homozygote** :
[rouge] : -   [Rouge, Cyo] : -   [orange, Sb] : 2/6   [orange, Cyo Sb] : 4/6

Figure 38 : Croisement des lignées transgéniques par la lignée *C250*, détermination du chromosome d'insertion du transgène.
(A) Croisement des individus transgéniques aux yeux colorés par des individus de la lignée *C250*. Les individus issus de la F1 ont tous le phénotype : [yeux rouges, Cyo,Sb], le transgène peut s'être inséré sur le chromosome II (II*) ou III (III*). Les individus de la F1 sont croisés entre eux, la composition de la descendance indiquera quel chromosome est porteur du transgène. (B) Descendance obtenue lorsque le transgène est porté par le chromosome II. Les croix indiquent que les individus ne sont pas viables ; en rouge sont indiqués les individus qui seront croisés entre eux afin d'obtenir des lignées transgéniques homozygotes II*/II*, III/III. (C) Descendance obtenue lorsque le transgène est porté par le chromosome III. En rouge sont indiqués les individus qui seront croisés entre eux afin d'obtenir des lignées transgéniques homozygotes II/II ; III*/III*.

77

4. Transgénèse

Le principe consiste à injecter un gène étranger dans un embryon de drosophile au stade syncytium, (avant la cellularisation, 30 min à 1 h de développement après la ponte). Ces injections se font chez la lignée *W1118* qui possède un fond génétique sauvage mais qui a des yeux blancs. Cette mutation permettra de visualiser directement les individus ayant incorporé le gène d'intérêt ; celui-ci étant associé au gène *mini-white* permettant de restaurer la coloration des yeux.

4.1. Préparation de l'ADN à injecter

5 µg de plasmide pPTGAL contenant la séquence d'intérêt, purifiés sur colonne QIAGEN, sont ajoutés à 1 µg de plasmide « helper » portant le gène de la transposase. L'ADN est précipité en présence d'acétate de sodium 80 mM et d'éthanol 70% une nuit à -20 °C. Après 1 h à 13000 g, le culot est repris dans 20 µl de tampon d'injection préalablement filtré à 0.22 µm (phosphate de sodium pH 7.8, 1mM ; KCl 5 mM).

4.2. Préparation des embryons

Des embryons *w1118,* âgés de 30 min, sont récoltés et doivent être déchorionés dans la demi-heure suivante avant d'être injectés. Le retrait du chorion se fait en roulant les embryons sur une lame de verre équipée d'un ruban d'adhésif double face (Scotch). Afin de faciliter l'injection, les embryons déchorionés sont alignés et fixés sur ce même adhésif puis desséchés 2 à 3 min dans une boîte à dessiccation contenant des cristaux de silice chauffés à 37°C. La lame est ensuite recouverte d'huile Voltalef 10S pour éviter un trop grand dessèchement.

4.3. Injection des embryons

Le temps écoulé entre la ponte et l'injection ne doit pas excéder 1 h. Les injections se font avec un appareil à injection équipé d'un capillaire (FEMTOJET ; Eppendorf). L'ADN purifié est chargé dans le capillaire neuf (environ 4 µl) à l'aide d'un microloader, le capillaire étant ensuite relié à l'appareil. L'aiguille est alors cassée sous la loupe binoculaire afin d'obtenir une extrémité très fine ; la pression d'injection est réglée à 150 hPa. L'injection d'ADN se fait dans la partie postérieure de l'embryon, où vont se différencier les cellules germinales. Après injection, les lames contenant les embryons injectés sont largement

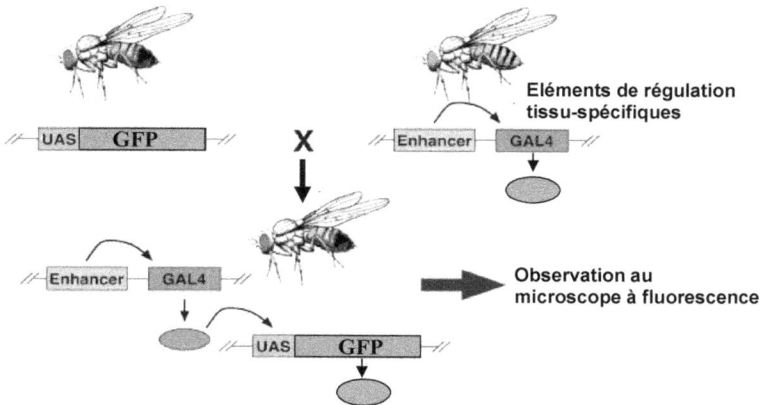

Figure 39 : Principe du piège à séquence régulatrices (enhancer trap).
L'expression de *Gal4* est dirigée par les éléments situés en amont du promoteur minimal. La protéine Gal4 est capable de se fixer à une séquence *UAS* et de l'activer. Après croisement des individus transgéniques, porteurs de régions régulatrices de *pros* en amont de *Gal4,* par une lignée *UAS-GFP*. Le gène codant la GFP sera exprimé dans toutes les cellules contenant la protéine Gal4. L'expression de *Gal4* étant dirigée par les séquences insérées en amont, le profil d'expression de la GFP reflète indirectement le patron d'expression correspondant aux éléments régulateurs.

recouvertes d'huile et placées sur des boîtes de ponte à 18°C. Les larves émergentes sont placées par groupe de 10, dans des tubes de repiquage, sur le milieu préalablement « haché ». Les adultes vierges sont ensuite isolés pour les croisements génétiques.

5. Analyse des lignées transgéniques

5.1. Etablissement des lignées

Les adultes issus des embryons injectés sont susceptibles d'avoir incorporé le transgène dans leurs cellules germinales et donc de le transmettre à leur descendance. Chaque adulte vierge issu de la transgénèse est donc croisé individuellement par des individus vierges de la lignée *w1118*. Les individus transgéniques issus de la F1 (première filiation) sont identifiables grâce à la pigmentation des yeux restaurée par la présence du gène *mini-white* porté par le transgène (*mini-white* présent dans le vecteur pPTGAL). Les individus transgéniques ont d'abord été amplifiés par croisement avec des individus de la lignée *w1118* avant de réaliser d'autres croisements génétiques (fig. 37).

Après amplification, les individus transgéniques aux yeux colorés sont croisés avec des individus de la lignée *C250*. A l'issue du croisement, les individus de la F1 aux yeux colorés, portants les deux balanceurs Cyo et Sb, sont isolés et croisés entre eux afin de déterminer sur quel chromosome le transgène s'est inséré et d'obtenir des lignées balancées (fig. 38).

5.2. Révélation du patron d'expression des lignées transgéniques

Le transgène utilisé contient, en plus du gène marqueur mini-white, un gène rapporteur Gal4. L'expression de ce gène dirigée par un promoteur minimal, est dépendante des séquences de régulation insérées en amont. La protéine Gal4 est un facteur de transcription de levure, absent chez la drosophile, qui reconnait spécifiquement et active une séquence de levure de type UAS (Upstream Activating Sequence ; Fisher et coll., 1988). L'introduction, par croisement génétique, d'un 2ème transgène comportant un marqueur cellulaire de type UAS-GFP (Green Fluorescent Protein) reflète indirectement les tissus où Gal4 s'exprime. Cette opération s'effectue simplement en croisant les lignées transgéniques obtenues avec une lignée qui possède le transgène UAS-GFP (fig. 39).

RESULTATS ET DISCUSSION

Partie I : Etude des altérations du système nerveux chez les mutants *pros*^{V}

Les lignées pros^V, générées au sein de notre laboratoire, possèdent des portions variables du transposon pGawB inséré en amont du site d'initiation de la transcription du gène prospero. Ces variants présentent des défauts de la viabilité, de l'activité locomotrice et de la réponse gustative. Pour comprendre la relation entre prospero et ces altérations phénotypique, j'ai, dans cette première partie, examiné de façon détaillée l'expression de pros dans le système nerveux des lignées pros^V, à deux stades différents du développement : stade 16 embryonnaire et stade III larvaire. Pour cela, j'ai tout d'abord mesuré le taux d'expression des deux transcrits majeurs de pros (pros-S et pros-L) dans des embryons entiers ainsi que dans deux régions isolées du système nerveux (SN) larvaire: dans le complexe antenno-amxillaire (AMC) et dans le système nerveux central (SNC). J'ai ensuite analysé différents aspects fonctionnels du SN : les projections axonales, l'activité mitotique et apoptotique et enfin la différenciation des cellules neuronales et gliales.

Tout au long de cette étude, un intérêt particulier a été donné à l'AMC, organe chimiosensoriel qui constitue le siège essentiel de la gustation larvaire et où l'expression de prospero n'a jamais été analysée. Le SNC a également été étudié et ce, particulièrement au stade larvaire où notre connaissance du rôle de pros reste encore furtive. Le but de cette première partie est de caractériser de manière fine les lignées pros^V et, à terme, de mieux comprendre le rôle de pros dans l'AMC et dans la fonction de gustation.

RESULTATS

I- Les variants *pros^V* expriment des niveaux distincts des transcrits S et L

La quantification des deux transcrits majeurs *pros*-S et *pros*-L codant respectivement pour la forme courte et longue de la protéine, a été réalisée par PCR en temps réel, à partir d'ARNm extraits d'embryons entiers de stade 16 ainsi que de SNC et AMC isolés de larves de stade III (LIII).

Chez le témoin *V14*, nous avons observé que le niveau de chaque transcrit évolue au cours du développement : alors que *pros-S* et *pros-L* sont produits en quantité équivalente au stade embryonnaire 16, le transcrit *pros-S* devient majoritaire au stade LIII et ce dans les deux structures étudiées (AMC et SNC) (fig. 40 A).

85

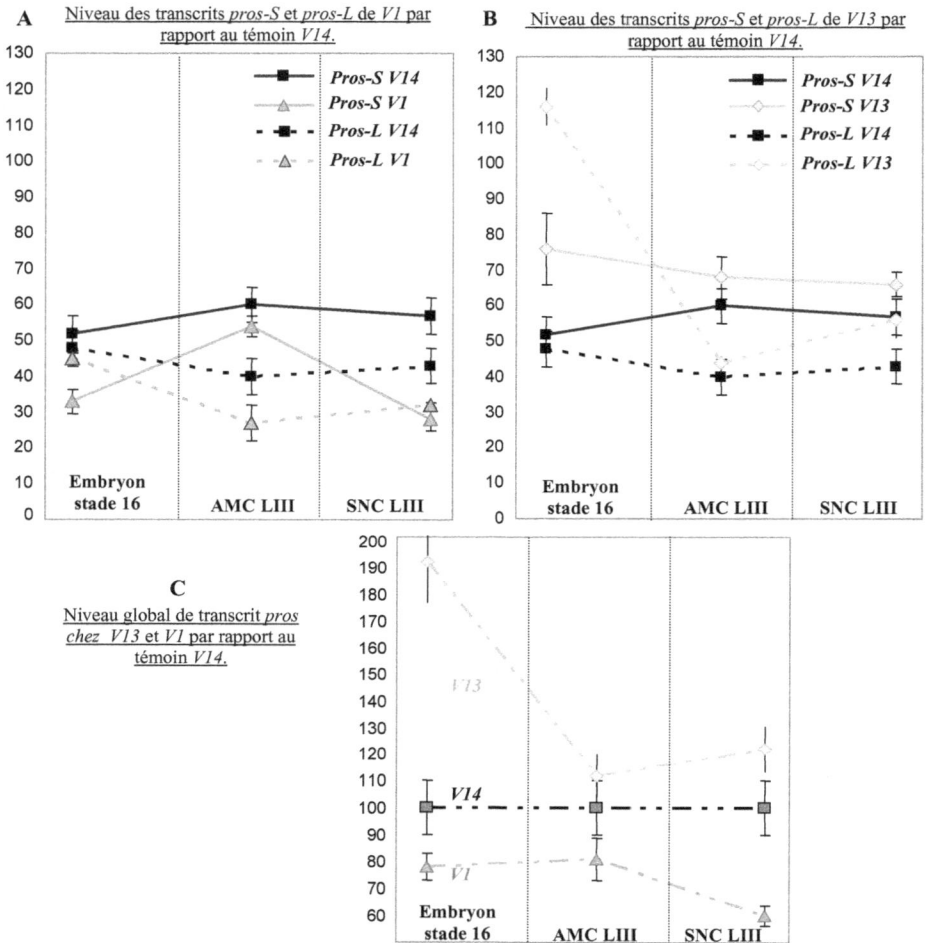

Figure 40 : Quantification des transcrits *pros-S* et *pros-L* chez les variants *prosV*.
Le niveau des transcrits *pros-S* (trait plein) et *pros-L* (trait pointillé) a été quantifié par PCR en temps réel, sur des embryons entiers (stade 16) ainsi que sur des AMC et des système nerveux centraux (SNC) isolés de larves (LIII) chez *V1* (A) et *V13* (B). (C) courbes cumulées donnant le niveau global de transcrit *pros* pour chaque variant *prosV*. (A) Chez *V1*, seul *pros-S* diminue de 20% chez l'embryon (p<0.005) ; dans l'AMC larvaire, seul *pros-L* diminue (10% ; p<0.005) alors que dans le SNC, *pros-S* et *pros-L* diminuent respectivement de 30 et 10% (p<0.005). (B) Chez *V13*, *pros-L* augmente chez l'embryon ainsi que dans le SNC larvaire (p<0.005). (tests de Mann-Whitney ; n= 5).

Scamborova et coll. (2004) avaient auparavant montré que *pros-L* prédominait au stade embryonnaire et que le ratio *pros-S / pros-L* s'inversait au cours du temps (fig. 16 partie Introduction). Nos résultats confirment bien ces données et suggèrent en plus que la modification du ratio S/L s'effectue de façon similaire dans le SNC et l'AMC.

Chez le mutant *V1*, on note une nette réduction du niveau de la transcription, mais celle-ci n'affecte pas toujours le même transcrit au cours du temps et selon la région du SN analysée. Ainsi, par comparaison à *V14*, le transcrit *pros-S* décroît significativement chez l'embryon (fig. 40 A). En revanche, au stade larvaire, seul le taux de transcrit *pros-L* ou bien *pros-S* et *pros-L* diminuent respectivement dans l'AMC et le SNC.

Enfin chez *V13*, on observe une augmentation spectaculaire du transcrit *pros-L* chez l'embryon, (fig. 40 B) et dans une moindre mesure dans le SNC larvaire. Dans l'AMC larvaire, le niveau des deux transcrits ne varie pas par rapport au témoin.

En résumé nos résultats indiquent que d'une façon générale, le niveau d'un seul ou des deux transcrits pros diminue chez V1 alors qu'il augmente chez V13. Le niveau de transcrit global (pros-S + pros-L), donné à titre indicatif dans la figure 39 C, confirme cette tendance. De plus les variations des transcrits S et L se distinguent en fonction des variants prosV étudiés, du stade de développement et de la région du SN analysée.

II- Effets des variations du niveau de transcrit *pros* sur l'AMC.

Pour voir si les modifications du niveau de transcription de *pros* génèrent des altérations du SN, nous avons analysé, à l'aide d'un certain nombre de marqueurs, leurs effets sur les projections et la croissance axonales, l'activité mitotique et la différenciation des cellules neuronales ou gliales. Dans la suite de cette étude, et pour des raisons de clarté, nous avons distingué tout d'abord les altérations observées dans l'AMC puis dans le SNC.

1. Analyse des projections neuronales reliant l'AMC au SNC.

L'étude des projections neuronales du SNP embryonnaire a été réalisée en utilisant l'anticorps 22C10, exprimé dans tous les neurones sensoriels où il est associé au cytosquelette axonal (Salzberg et al., 1994).

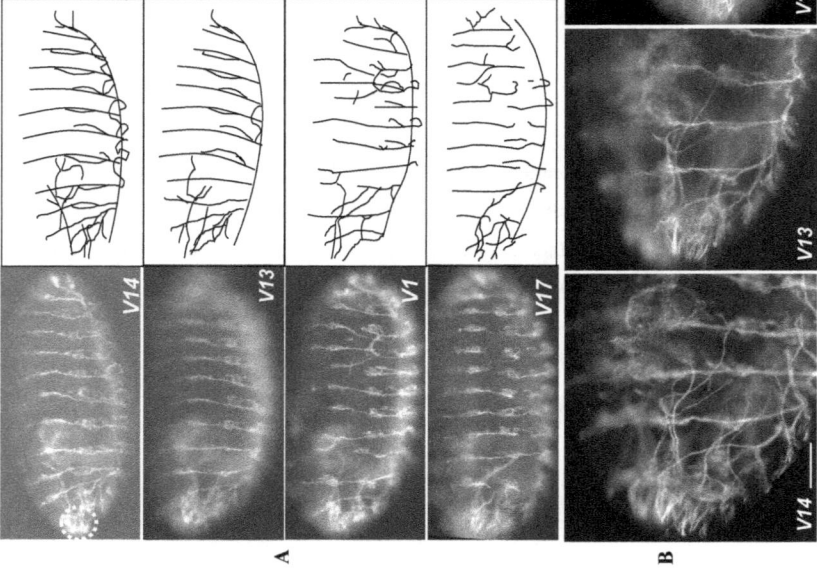

Figure 41 : Effets de l'altération de l'expression de *pros* sur la structure du SNP

(A) Vues latérales d'embryons de stade 16 (la partie antérieure est orientée à gauche, et la partie dorsale est vers le haut) marqués avec l'anticorps 22C10, spécifique des neurones du SNP. Les trajets des neurones ont été schématisés à droite. Chez *V1* et *V17*, les projections sont altérées au niveau de certains segments de l'embryon, avec parfois des interruptions de certaines trajectoires. En revanche, *V13* ne montre aucune altération des projections neuronales. (B) Détail de la région antérieure comprenant l'AMC. Les axones en provenance de l'AMC se projettent d'une manière stéréotypée dans le SNC. Ces projections sont altérées chez *V17* et d'une manière plus modérée chez *V1*. La barre d'échelle représente 20µm.

Chez l'embryon de type sauvage *V14*, le SNP présente une organisation stéréotypée au niveau de chaque segment (fig. 41 A), de même qu'au niveau des projections neuronales reliant l'AMC aux hémisphères cérébraux du SNC (fig. 41 B). Chez le mutant *V13*, l'augmentation globale de transcrit *pros-L* n'entraîne pas de modification visible de la structure du SNP latéral et les projections neuronales reliant l'AMC au SNC sont très similaires au témoin *V14* (fig. 41 B). En revanche, des altérations sévères de la structure du SNP latéral apparaissent clairement chez le mutant nul *V17* ou chez *V1* qui sous exprime le transcrit *pros-S* (fig. 41 A). De plus, pour ces deux mutants, le trajet des connections neuronales reliant l'AMC au SNC dans la région antérieure de l'embryon, est altéré en comparaison à celui de *V14* (fig. 41 B).

Ces résultats suggèrent qu'un niveau minimum de transcrit pros (et donc probablement de protéine) pourrait être nécessaire à un guidage correct de la croissance neuronale. Sachant que seul pros-S diminue chez l'embryon V1, il est possible que l'isoforme protéique S soit plus spécifiquement requis au cours du développement du SNP embryonnaire. A l'inverse, une augmentation du niveau de transcrit (et plus particulièrement de pros-L) ne semble pas avoir d'effets sur le guidage axonal dans le SNP.

2. Analyse de l'activité mitotique dans l'AMC.

L'étude de l'activité mitotique dans l'AMC a été effectuée à l'aide de l'anticorps anti-phospho-histone 3 (H3p) qui marque les cellules en phase M de division. Nos observations sur les embryons de stade 16 ou des larves de stade III n'ont révélé aucune activité mitotique et ce pour aucune des lignées $pros^V$. Compte tenu du fait que le type sauvage ne présentait aucun signal, nous avons supposé que l'activité mitotique devait survenir à des stades embryonnaires plus précoces.

Pour vérifier notre hypothèse, nous avons donc analysé le marquage H3p chez des embryons de différents stades (10 à 16). Un signal est détecté dans l'AMC jusqu'aux stades embryonnaires 12 (fig. 42 A). Au-delà de ce stade, plus aucune activité mitotique n'est visible (fig. 42 B). Ces observations suggèrent que dans l'AMC embryonnaire de stade 16 ou celui de la larve de stade III, les cellules sont probablement toutes différenciées. Cette structure se serait donc mise en place en même temps que le reste du SNP, pour lequel la division des cellules précurseurs s'achève également au stade 12-13 (Bodmer et al., 1989).

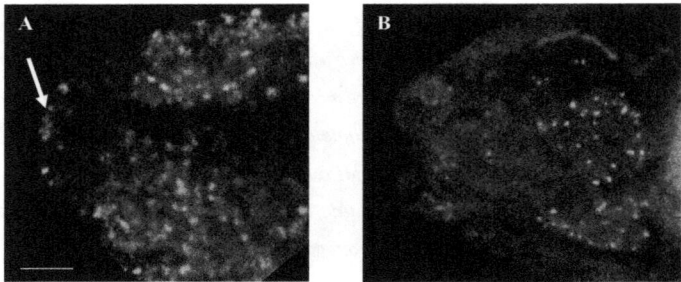

Figure 42 : Activité mitotique chez l'embryon, dans la région déterminant le futur AMC.
Embryons de type sauvage de stade 11-12 (A) et 16 (B) marqués avec Pros (rouge) et H3p (vert) qui permet de visualiser les cellules en cours de division. Une activité mitotique peut être observée dans la région déterminant le futur AMC chez des embryons de stade précoce (11-12) (flèche, A). Aucune activité n'a été détectée au stade 16 (B). La barre d'échelle correspond à 20 μm.

3. Etude de la composition cellulaire de l'AMC embryonnaire et larvaire

Afin de voir si la modification du niveau d'expression de *pros* altère la composition cellulaire de l'AMC, nous avons utilisé les marqueurs Pros, Elav et Repo.

3.1 Chez le type sauvage

Au stade embryonnaire 16, l'AMC se compose d'une cinquantaine de cellules exprimant *pros* et dont la localisation de la protéine est nucléaire (notées Pros+ ; tableau 4). Cette région comporte également un groupe dense de cellules, marquées par l'anticorps anti-Elav (Elav +), et qui sont très probablement des neurones déjà différenciés puisqu'aucune cellule mitotique n'est présente à ce stade. La limite entre ces cellules est difficilement identifiable aussi, nous n'avons pas pû donner une estimation exacte de leur nombre. Cependant on note parmi elles, une dizaine de cellules qui co-expriment l'anticorps anti-Pros (fig. 43 B). L'utilisation du marqueur Repo a permis de détecter une vingtaine de cellules gliales (Repo+), mais aucune d'elles n'exprime *pros* (tableau 4 ; fig. 43 B). Si on applique à l'AMC ce qui est admis pour le reste du SNP, les cellules Pros+ qui n'expriment ni *repo* ni *elav,* pourraient être en partie des cellules thécogènes.

Au stade LIII, bien que le nombre total de cellules Pros+ ne soit pas modifié, nous avons remarqué que la structure de l'AMC (organe terminal + organe dorsal) diffère légèrement (fig. 45 D, tableau 5). Tout d'abord, nous avons identifié, dans le TO et DO pris dans leur ensemble, deux types de cellules qui présentent une localisation nucléaire de la protéine Pros (Pros+):

- une quarantaine de petites cellules dont une dizaine exprime aussi *elav.*
- environ 8 grandes cellules pour lesquelles le marquage anti-Pros révèle un noyau plus large, ces cellules n'expriment ni *repo* ni *elav.*

Nous avons identifié en plus une soixantaine de cellules Elav+ (incluant la dizaine de petites cellules marquées par l'anti-Pros) qui sont probablement des neurones différenciés ou en voie de l'être. Notons que Stocker (1994) avait dénombré environ 35 neurones dans le DO et 35 dans le TO (voir aussi Introduction § I.2.1). Enfin, on trouve une dizaine de cellules gliales (Repo+) qui, comme chez l'embryon, n'expriment jamais *pros.*

AMC de larve de stade III

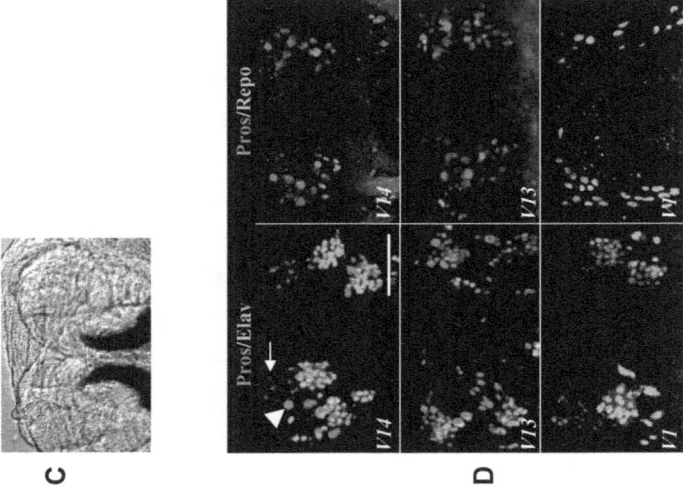

AMC d'embryons de stade 16

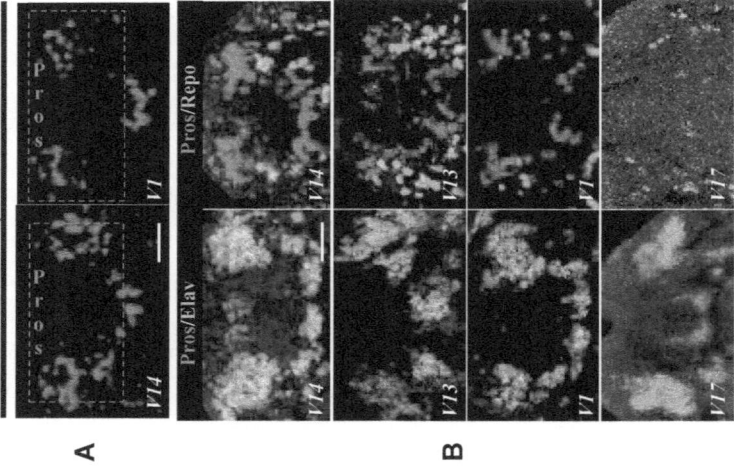

Si on compare la structure de l'AMC embryonnaire à celle de la larve, on remarque que le nombre total de cellules Pros+ est identique (environ 50), ainsi que le nombre de cellules doublement marquées par Pros et Elav. Seule une très légère baisse des cellules gliales est observée chez la larve. Du fait qu'aucune prolifération cellulaire n'ait été observée dans l'AMC entre le stade 16 et le stade III larvaire, il est probable que la composition cellulaire de l'AMC n'évolue pas entre ces deux stades de développement. En d'autres termes, on peut raisonnablement suggérer que les processus de mise en place de l'AMC larvaire se sont effectués très tôt au cours de la vie embryonnaire. Cependant, si la composition cellulaire semble inchangée, la présence de cellules Pros+ à large noyau chez la larve suppose que ces cellules se sont spécialisées au cours du développement larvaire et que leur fonction pourrait avoir évolué.

Les données bibliographiques indiquent que *pros* s'exprime de manière transitoire et ne perdure pas dans les neurones matures (Chu-Lagraff et al., 1991). L'expression durable de *pros* dans certains neurones de l'AMC (puisqu'elle débute au stade embryonnaire) peut donc paraître surprenante, mais indique que Pros y joue peut-être un rôle particulier.

3.2. Les mutants *pros^V*

L'AMC embryonnaire du mutant *V13* ne présente aucune altération de la composition cellulaire par rapport au témoin (fig. 43 B). En revanche, chez la larve, nous avons observé une légère diminution du nombre de cellules Pros+ (38.5 ± 1.5), qui concerne essentiellement les petites cellules neuronales exprimant *pros* (tableau 5). Cette diminution ne peut être attribuée à une perte cellulaire engendrée par une quelconque activité apoptotique puisqu'aucun signal n'a pu être observé avec la réaction TUNEL. Le nombre final de neurones restant inchangé par rapport à l'AMC larvaire de *V14*, on suppose que ces cellules Elav+ n'exprimant plus *pros* se sont différenciées de façon précoce en neurones (en général, les neurones matures du SNP n'expriment plus Pros).

Figure 43 (p.92) : **Structure de l'AMC embryonnaire (stade 16) et larvaire (III) chez les mutants *prosV*.** (A-B) AMC embryonnaires marqués avec les anticorps Pros (rouge), Elav ou Repo (vert) (vue dorsale, antérieur vers le haut). Chez *V1*, le nombre de cellules Pros+ diminue par rapport au sauvage *V14* (A). La variation de l'expression de Pros, ou même son absence totale, ne semble pas modifier le profil de répartition des cellules Elav et Repo chez l'embryon (B). (C) AMC larvaire en lumière normale. (D) AMC larvaires marqués avec les anticorps Pros (rouge), Elav ou Repo (vert). Chez le sauvage *V14*, on distingue deux types de cellules Pros+ : des cellules à gros noyau (triangle) et des petites cellules au marquage nucléaire (flèche) dont certaines co-expriment Elav. Les cellules Pros+ ne co-expriment jamais Repo dans l'AMC. L'AMC chez la larve *V13* est très similaire au témoin. Chez la larve *V1*, le marquage Pros disparaît totalement ; le profil de répartition des cellules Elav+ ne semble pas modifié mais on observe par contre une augmentation nette des cellules gliales (Repo+). Les barres d'échelle représentent 20 µm

AMC embryonnaire

Génotype	Total Cellules Pros+	Cellules Pros+/Elav+	Cellules Repo+
V14	51.7±1.5	10±1.2	20.2±0.8
V13	52.3±1.2	8.8±2.1	17.3±0.8
V1	**42.0±2.3 *****	8.3±1.2	15.7±3.2
V17	**0 *****	**0 *****	17.6±0.4

Tableau 4 : Quantification des différents types cellulaires constituant l'AMC embryonnaire chez les allèles *pros*^{V}.
Chez le sauvage *V14*, l'AMC embryonnaire se compose d'environ 50 cellules qui présentent une localisation nucléaire de Pros (Pros+) et dont une dizaine est marquée par Elav (Pros+/Elav+). Cette région contient également une vingtaine de cellules gliales (Repo+). Les cellules neuronales marquées par elav uniquement n'ont pu être dénombrées en raison de leur densité. Chez *V13*, la composition cellulaire de l'AMC semble normale, tandis que chez *V1*, le nombre de cellules Pros+ diminue dans l'AMC embryonnaire. Aucune cellule Pros+ n'a été détectée chez le mutant nul *V17* (létal embryonnaire). Tests Mann-Whitney ***= $p<0.001$; $n>8$.

AMC larvaire

Génotype	Grosses cellules Pros+	Total petites cellules Pros+	Petites cellules Pros+/ Elav+	Total cellules Elav+	Cellules Pros+/ Repo+	Total cellules Repo+
V14	8±1	40.9±4.1	10.7±2.8	65.8±1.4	0	10.2±0.2
V13	8.4±2.1	**30.3±6.6 ***	**2.6±0.7**	64.8±1.6	0	11.6±0.6
V1	**0 *****	**0 *****	**0 *****	62.3±0.9	0	**25.6±2.8*****
V17			Létal embryonnaire			

Tableau 5 : Composition de l'AMC larvaire chez les mutants *pros*^{V}.
Les différents types cellulaires ainsi que leur nombre sont indiqués pour chaque allèle *prosV*. Chez le type sauvage *V14*, on trouve deux types de cellules marquées par l'anticorps anti-Pros (Pros+) : 8 cellules avec un noyau large et une quarantaine de petites cellules dont une dizaine co-exprime le marqueur Elav (Pros+/ Elav+). On dénombre au total une soixantaine de neurones (Elav+) et une dizaine de cellules gliales (Repo+). Aucune des cellules gliales n'exprime le marqueur Pros.
Chez *V13*, on observe une légère diminution des petites cellules Pros+, notamment celles exprimant le marqueur Elav. Chez *V1*, aucune cellule Pros+ n'est présente et le nombre de cellules gliales augmente. Tests Mann-Whitney ***= $p<0.001$; *= $p<0.01$; $n>8$.

94

Chez le mutant *V1*, l'AMC embryonnaire, par comparaison à *V14* (51.7 ± 1.5) ou même à *V13* (52.3 ± 1.2), présente une nette diminution des cellules Pros+ (42 ± 2.3, fig. 43 A ; tableau 4). Le nombre de cellules Pros+/Elav+ ne variant pas, cette diminution ne concernerait que les cellules non neuronales qui expriment Pros uniquement. Aucune modification de la composition en cellules gliales n'a été détectée. Curieusement, chez la larve *V1*, plus aucune cellule n'est marquée par l'anticorps anti-Pros. En raison de la présence d'une activité apoptotique dans cette région (résultats non présentés), une partie de ces cellules a pu être éliminée par une initiation précoce du programme de mort cellulaire. Cependant, ce n'est pas le cas des cellules neuronales, puisque leur nombre ne change pas. Cette absence totale de marquage Pros est surprenante car la PCR en temps réel avait détecté la présence normale du transcrits *pros-S* et un niveau plus faible de transcrit *pros-L*. Cette différence entre l'expression de l'ARNm et celle de la protéine pourrait être attribuée à des mécanismes de régulation post-transcriptionnels. L'AMC larvaire de ce mutant présente donc de profondes modifications de cette structure qui pourraient perturber son fonctionnement. Le mutant *V1* se distingue également de *V14* par une augmentation significative du nombre de cellules gliales (25 ± 2.8 contre 10.2 ± 0.2 pour *V14* ; voir aussi fig. 43 D et tableau 5). Sachant que Pros ne s'exprime jamais dans ces cellules, ni chez l'embryon ni chez la larve, il est probable que cette augmentation soit un effet indirect de *pros*.

Enfin, chez le mutant nul *V17*, et conformément à nos prévisions aucune cellule n'exprime la protéine Pros dans l'AMC embryonnaire (fig. 43 B). La répartition d'Elav ne semble pas altérée mais, en l'absence de comptage fiable de ces cellules, nous ne pouvons totalement exclure une légère modification de leur nombre. Par contre il est clair que l'absence de Pros ne modifie pas le nombre de cellules gliales, puisqu'il s'avère identique au témoin *V14*. Ceci renforce l'hypothèse selon laquelle leur nombre est spécifié indépendamment de Pros. Un autre fait marquant est la présence d'un nombre important de cellules apoptotiques dans cette région révélée par la réaction TUNEL (fig. 47 D).

En conclusion, l'ensemble de ces résultats indique que dans l'AMC, la sous-expression de pros a des effets plus marqués que l'augmentation du niveau de transcription de pros. Chez l'embryon, cette diminution semble affecter essentiellement les cellules qui expriment pros uniquement (probablement en partie des cellules thécogènes) alors que chez la larve cette diminution concerne aussi les cellules neuronales.

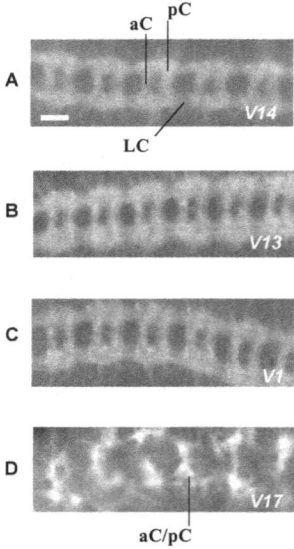

Figure 44 : Structure de la CNV embryonnaire chez les mutants *prosV*.
CNV embryonnaires en vues ventrales (antérieur à gauche), marquée par BP102. Chez le type sauvage, la CNV présente une structure scalaire dans laquelle on distingue nettement les commissures antérieure (aC) et postérieure (pC) ainsi que deux connectifs longitudinaux (LC). Seul *V17* présente des modifications de cette structure, les commissures aC et pC sont fusionnées (aC/pC) et les connectifs longitudinaux ne se forment pas correctement. La barre d'échelle représente 30 μm.

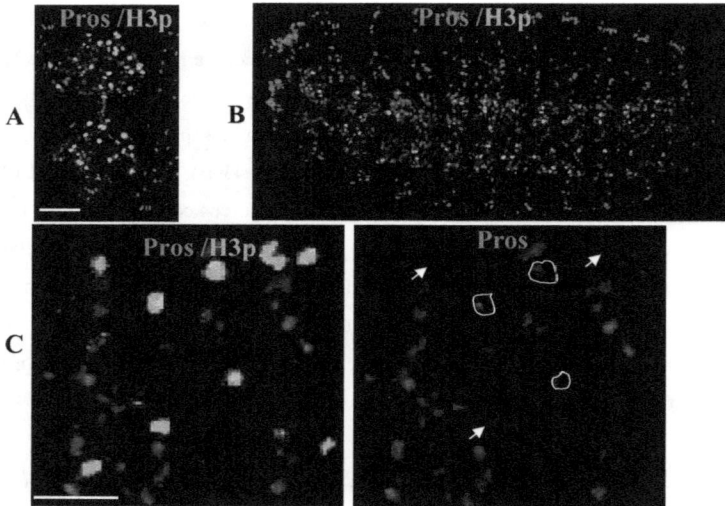

Figure 45 : Activité mitotique chez l'embryon *V14* (stade 16)
Embryons *V14* marqués avec les anticorps anti-Pros (rouge) et H3p (vert) qui marque les cellules en cours de division. L'activité mitotique est présente dans les hémisphères cérébraux (HC) **(A)** et dans la CNV **(B)** (vue ventrale, antérieur à gauche). **(C)** Vues agrandies d'un HC. Certaines cellules en cours de division expriment faiblement Pros (régions cerclées). Les barres d'échelles représentent 20 μm.

La réduction du niveau des transcrits pros-L dans l'AMC larvaire induit également une activité apoptotique importante qui pourrait être le signe d'une dérégulation du cycle cellulaire à des stades précoces du développement embryonnaire. De plus, on observe une augmentation du nombre de cellules gliales. Par opposition à V1, l'augmentation du niveau de transcription chez V13 n'a des effets que dans l'AMC larvaire où elle semble induire une différenciation précoce de ces cellules.

III- Effets des variations du niveau de transcrit *pros* dans le SNC.

Une approche similaire de celle suivie pour l'AMC a été utilisée pour analyser les effets des variations de pros sur le SNC.

1. Analyse des projections axonales dans la CNV des allèles *pros*^{V}

Le marqueur BP102 permet de marquer certains axones de la CNV et de mettre en évidence sa structure scalaire (fig. 44 A). Des altérations sévères de cette structure ont été observées dans la CNV de l'allèle nul *V17*: les connectifs longitudinaux ne sont pas formés et les commissures antérieures et postérieures sont fusionnées (fig. 44 D). Ceci semble en accord avec les précédentes études réalisées sur d'autres mutants nuls de *pros* (Doe et al., 1991; Vaessin et al., 1991). Si l'absence totale de *pros* induit une altération sévère des projections neuronales dans la CNV, il semblerait que la sous expression de *pros-S* (*V1*) ou la sur expression de *pros-L* (*V13*) n'aient pas d'effets sur le guidage des axones dans le SNC (fig. 44 C et B). Ce résultat laisse supposer que le faible niveau de *pros-S* chez *V1* reste malgré tout suffisant pour permettre un guidage correct lors de la croissance axonale. Cependant, comme la diminution globale de transcrit *pros* a été mesurée chez l'embryon entier, il est possible que des variations entre différentes régions du SN existent et que cette diminution ne concerne pas la CNV. Cette hypothèse est corroborée par les mesures du taux d'expression de la protéine, effectuées dans différentes parties du SN de l'embryon par Y. Grosjean (thèse d'université, 2002, Dijon). En résumé, il apparaît que, dans le SNC, seule l'absence totale de *pros* induit des anomalies des projections neuronales.

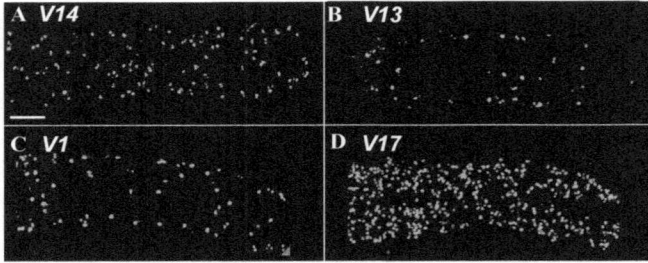

Figure 46 : Activité mitotique dans la CNV des embryons *pros*^V^ (stade 16).
CNVs embryonnaires en vue ventrale (pôle antérieur à gauche), marquées avec l'anticorps H3p. (D)
L'absence de *pros* chez *V17* entraîne une augmentation de l'activité mitotique par rapport au sauvage
(A), tandis que chez *V1* (C) et *V13* (B), celle ci diminue. La barre d'échelle représente 30 µm.

	Cellules H3p+ dans un HC	Cellules H3p+ dans la CNV
V14	81 (±3)	122 (±6.9)
V13	43 (±3) ***	50 (±2.3) ***
V1	42,4 (±1.68) ***	48.6 (±1.7) ***
V17	102 (±4.8)	>500 ***

Tableau 6 : Cellules en prolifération dans le SNC embryonnaire.
Le nombre moyen de cellules en division figure avec l'ESM. (Mann-Whitney : ***, p < 0.001 ; N = 5)

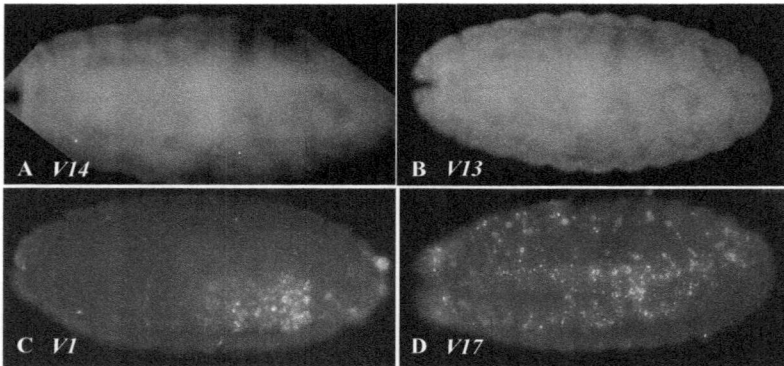

Figure 47 : Activité apoptotique observée dans des embryons de stade 16 (réaction TUNEL).
(vue ventrale, pôle antérieur à gauche) (A) Chez *V14*, l'activité apoptotique est limitée à quelques
cellules isolées dans le SNC. (B) L'embryon *V13* montre une absence d'apoptose. *V1* (C) et *V17* (D)
montrent tous deux une activité apoptotique importante dans le SNC ; chez *V17*, celle-ci concerne
également le SNP.

2. Analyse de l'activité mitotique dans le SNC des allèles *pros^V*

La mesure de l'activité mitotique à l'aide du marqueur Histone-3P (H3p) a permis de mettre en évidence plusieurs anomalies chez nos mutants et ce au stade embryonnaire comme au stade larvaire.

Chez l'embryon, le SNC montre une activité mitotique au niveau du cerveau et de la CNV (fig. 45 A et B). Quelques-unes des cellules H3p+ expriment faiblement *pros* (Figure 45 C) et sont probablement des neuroblastes ou des GMC. Dans le SNC larvaire, cette activité est modérée et localisée au niveau des hémisphères cérébraux ainsi qu'au niveau des segments thoraciques de la CNV (fig. 48 A). Nous avons remarqué que, dans le SNC larvaire la plupart des cellules H3p+ n'expriment pas *pros,* à l'exception de quelques cellules dans le cerveau central et la CNV. Ceci semble en accord avec les observations de Ceron et coll. (2001) indiquant que Pros est absent des NBs, et des GMC dans les lobes optiques.

Chez le mutant *V13,* l'augmentation du niveau de transcrit *pros* (forme L) induit une nette diminution du nombre de cellules en division (fig. 46 B, tableau 6). Pour voir si cette réduction de l'activité mitotique pouvait être attribuée à une perte cellulaire, nous avons utilisé la réaction TUNEL. Celle-ci n'a cependant révélé aucune activité apoptotique (fig. 47 B), indiquant que la réduction du nombre de cellules marquées est le seul fait d'une diminution drastique de la prolifération cellulaire. Sachant que dans le SNC, Pros induit la sortie des GMC du cycle cellulaire (Li and Vaessin, 2000), nous pouvons donc supposer que l'augmentation du transcrit *pros-L* induirait un arrêt prématuré de la division de ces cellules. Contrairement à nos prévisions, le SNC larvaire de *V13,* a montré quant à lui une augmentation importante de l'activité mitotique, en particulier dans les hémisphères cérébraux (fig. 48 B, tableau 7). L'accroissement du nombre de cellules H3p+ n'est accompagné d'aucune activité apoptotique (Pas de signal observé avec la réaction TUNEL), et a pour effet d'engendrer une hyperplasie importante du SNC. Tenant compte du fait que la plupart des cellules mitotiques n'expriment pas *pros,* il est possible que cela soit un effet indirect de Pros. Cette sur-prolifération pourrait intervenir en réponse à la différenciation précoce des cellules observée chez l'embryon. Dans les deux cas il semble que la surexpression de Pros soit capable d'induire des mécanismes divergents au cours du développement.

Les résultats obtenus pour *V1* sont plus surprenants. En effet, l'embryon *V1* montre, comme *V13,* un nombre réduit de cellules marquées par H3p dans le cerveau comme dans la CNV (fig. 46 C). Cependant, la réaction TUNEL a cette fois révélé la présence d'un grand

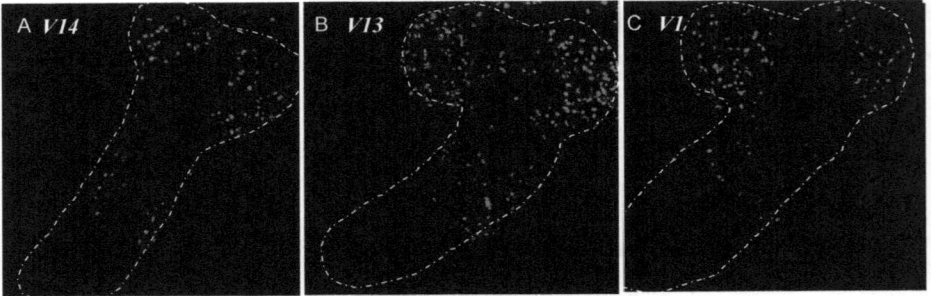

Figure 48 : Activité mitotique révélée par l'anticorps pHistone-3H sur des cerveaux de larves de stade III.
(A) SNC *V14* (type sauvage), l'activité mitotique est détectée dans les hémisphères cérébraux et dans la partie thoracique de la CNV à l'aide de l'anticorps H3p. (B) Le SNC de *V13* montre une activité mitotique accrue par rapport au sauvage. (C) le marquage H3p dans le SNC de *V1* est similaire à celui observé chez le témoin.

	Cellules H3p+ dans un HC	Cellules H3p+ dans la CNV
V14	44.5 (±8.1)	26.2 (±9.8)
V13	**90.8 (±10.6)****	**47.1 (±11.8)**
V1	44.88 (±12.4)	28.2 (±9.2)

Tableau 7 : Les cellules marquées avec l'anticorps H3p ont été comptées dans les hémisphères cérébraux (HC) et dans la chaîne nerveuse ventrale (CNV) larvaire.
Pour chaque allèle de *pros*, le nombre moyen de cellules en cours de division est indiqué avec l'ESM. (Mann-Whitney : ** = p<0.05; N = 5).

nombre de cellules en apoptose (fig. 47 C). Ceci indique que la diminution du nombre de cellules H3p chez l'embryon de *V1* n'est probablement pas liée à une réduction de l'activité mitotique, mais plutôt à une perte de cellules suite à une activité apoptotique élevée. Dans le SNC larvaire, *V1* présente une activité mitotique normale (fig. 48 C, tableau 7) mais une activité apoptotique de nouveau importante par rapport au témoin *V14*.

Le mutant nul *V17* montre, par comparaison à *V14,* une augmentation considérable de l'activité mitotique dans le système nerveux central embryonnaire (fig. 46 B ; tableau 6). Cette prolifération intense est en partie compensée par une activité apoptotique importante et expliquerait donc l'absence d'hyperplasie (fig. 47 D). *V17* n'a pu être étudié que chez l'embryon du fait de sa létalité larvaire.

Il apparaît donc que chez l'embryon, l'absence ou l'augmentation du niveau de pros induit respectivement un accroissement ou une diminution de l'activité mitotique. Ceci indique qu'une régulation précise du taux d'expression de pros est nécessaire au contrôle du cycle cellulaire. De plus, le fait que la surexpression de pros induise un effet inverse chez la larve et l'embryon suggère que pros ne joue pas toujours le même rôle au cours du développement.

Pour aller plus loin dans l'analyse, nous avons étudié la répartition de différents types cellulaires à l'aide des marqueurs Repo, Elav et Pros dans le SNC embryonnaire et larvaire de ces mutants.

3. Quelles sont les conséquences de l'altération du niveau de transcrit *pros* sur la différenciation des cellules dans le SNC ?

Pour des raisons de clarté, les lignées *pros^V* seront d'abord analysées dans le SNC embryonnaire puis de façon plus détaillée dans le SNC larvaire.

3.1. Dans le SNC embryonnaire des allèles *pros^V*

En raison des nombreuses études effectuées chez l'embryon, nous avons délibérément choisi de ne pas étudier cette structure en détail. Nous avons cependant regardé les effets de variations de l'expression de *pros* sur un lignage spécifique. Le choix de ce lignage a été en grande partie déterminé par les données de la littérature obtenues à partir de mutants nuls de

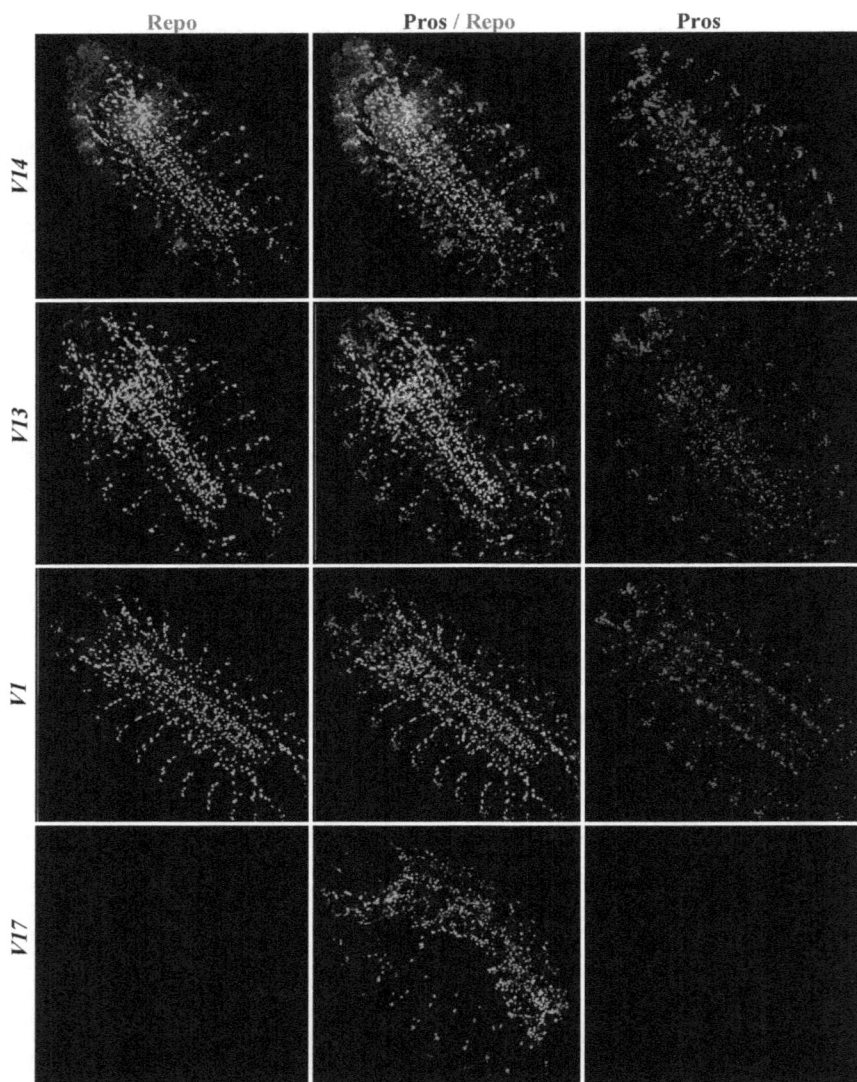

Figure 49 : Répartition de Pros et Repo dans le SNC des embryons *prosV*
Des doubles marquages ont été réalisés à l'aide des anticorps anti-Pros (rouge) et anti-Repo (vert) sur des embryons *prosV* de stade 16 (le pôle antérieur est orienté vers le haut). Au niveau de la CNV, certaines cellules gliales sont marquées par Pros. La variation du niveau de transcrit n'induit pas de modification évidente de la répartition de Pros et Repo. Cependant, l'absence totale de Pros (*V17*), entraîne une désorganisation importante des cellules gliales.

pros. Nous savions en effet que la perte de fonction de *pros* induit une altération de l'expression de marqueurs cellulaires spécifiques (*ftz, eve* et *en*) dans certaines GMC et dans les neurones qui en sont issus (Chu-Lagraff et al., 1991; Doe et al., 1991). Ces mêmes auteurs ont signalé que la différenciation de ces neurones peut s'effectuer mais qu'ils présentent des altérations de leur morphologie axonale (Chu-Lagraff et al., 1991; Doe et al., 1991). En revanche, la perte de fonction de *pros* induit une disparition de certaines cellules gliales dans la CNV, en particulier les cellules gliales issues des neuroglioblastes NB6-4T et NB-7 ainsi que les cellules gliales longitudinales (LG) (Akiyama-Oda et al., 2000; Doe et al., 1991; Griffiths and Hidalgo, 2004; Vaessin et al., 1991). Nous avons donc délibérément choisi de nous focaliser sur ce dernier lignage facilement identifiable avec un double marquage Pros/Repo et dont le rythme de division est spécifié par Pros (Griffiths and Hidalgo, 2004).

La structure globale de la CNV pour les différentes lignées *pros^V* est présentée dans la figure 48. La structure scalaire de la CNV apparaît normale chez *V1* et *V13* ; seul le mutant *V17* montre une altération claire de cette structure. En effet, les segments sont difficilement identifiables et le rapprochement des deux hémisegments au niveau de la ligne médiane ne s'effectue pas correctement dans la région antérieure (fig. 49). De ce fait, l'emplacement correct des cellules gliales le long de la CNV apparaît complètement anarchique. Cela pourrait être mis en relation avec les anomalies des projections axonales observées avec le marqueur BP102 (fig. 44 D), puiqu'il a été démontré que les cellules gliales longitudinales dirigent la trajectoire des axones des connectifs longitudinaux (Hidalgo and Booth, 2000).

Nous avons regardé plus précisément les cellules gliales longitudinales (LGs) au niveau des segments thoraciques T2 et T3. Chez le sauvage *V14*, ces cellules peuvent être identifiées à l'aide de doubles marquages Pros/Repo. Celles qui expriment Pros (Pros-LG) sont au nombre de six. Elles sont maintenues dans un état quiescent et peuvent, si nécessaire, reprendre leur cycle de division. Les 4 autres cellules LG n'expriment plus Pros et ont achevé leur processus de différenciation (fig. 50 A, B). Chez les mutants *V1* et *V13*, la position et le nombre des LG ne sont pas altérés (fig. 50 B). Chez *V17*, la répartition des cellules gliales est très perturbée. De plus, la répartition stéréotypée des LG le long de la CNV, n'est plus identifiable. De ce fait, il nous est impossible de déterminer si les LG ont un emplacement altéré ou si leur nombre est modifié.

L'analyse du lignage LG indique que la diminution de *pros-S* chez *V1* ou l'augmentation de *pros-L* chez *V13,* n'ont pas d'effets sur la régulation de la prolifération des

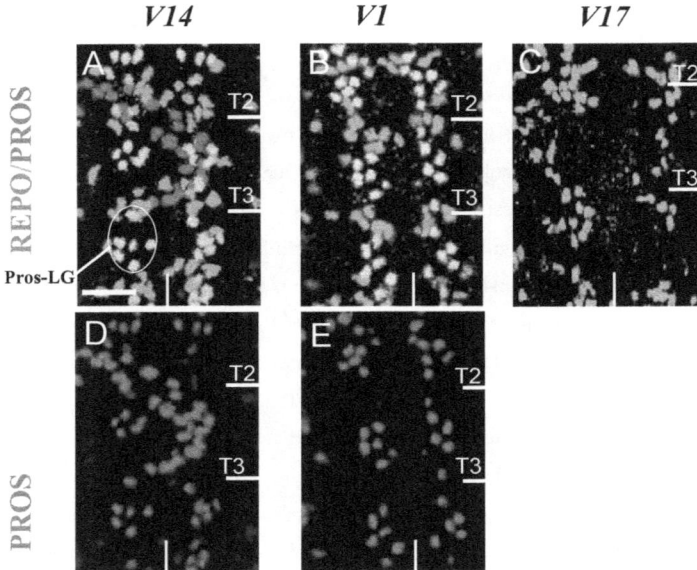

Figure 50 : Etude de la CNV chez des embryons de stade 16.
Segments thoraciques T2 et T3 de la CNV embryonnaire marquée Pros (rouge) et Repo (vert, marqueur des cellules gliales) (A-C) ou par Pros uniquement (D-E). Les barres horizontales indiquent la limite des segments, la barre verticale indique le plan de symétrie de l'embryon (antérieur vers le haut). (A) Chez le sauvage, chaque hémisegment comporte 10 cellules LG, dont 6 expriment Pros (Pros-LG, entourées sur la photo). Chez *V1*, (comme chez *V13*, non présenté) aucune anomalie n'a été observée (B, E). L'absence de Pros chez *V17*, induit des altérations sévères de l'organisation spatiale des cellules gliales (C). La barre d'échelle représente 20 µm.
Remarque : les cellules en rouge qui apparaissent sur la photo A et B sont dues à un artéfact (repliement du TD) et n'appartiennent pas à la CNV.

LG. Le niveau de Pros chez ces deux mutants pourrait donc se situer dans la gamme de concentration nécessaire à une régulation correcte de la prolifération des LG.

En conclusion, on remarque que dans le SNC embryonnaire, la variation du niveau de pros ne semble pas affecter le guidage axonal ni même les processus de différenciation des cellules gliales, du moins dans le lignage LG étudié. Nous signalerons que, comme attendu de précédentes études (Chu-Lagraff et al., 1991; Doe et al., 1991), *l'analyse globale de la répartition des cellules Elav dans la CNV n'a pas non plus révélé d'anomalie majeure ni pour V1 ni pour V13. A l'opposé, la diminution ou l'augmentation du niveau d'expression de pros semble importante pour la régulation de l'activité mitotique ou apoptotique. Ces deux phénomènes allant souvent de pair.*

3.2. Le SNC larvaire des allèles *pros^V*

Le rôle de *pros* n'ayant été que très peu analysé dans le SNC larvaire, deux régions ont été sélectionnées pour cette étude : les lobes optiques (LO) et la CNV.

Dans les lobes optiques, Pros est présent dans un groupe de cellules très dense, localisé dans la région proliférative des LO (fig. 51 A). Un nombre notable de ces cellules est marqué par Elav; ces cellules doublement marquées sont identifiées comme des GCs (ganglion cells). En effet, Ceron et coll. (2001 ; 2005) ont montré que dans les LO, *pros* n'est exprimé ni dans les neuroblastes ni dans les GMCs. Selon eux, seule une des deux cellules GC issues de la division des GMCs exprimerait Pros de façon stable ainsi que le marqueur Elav. Ces cellules post-mitotiques se différencient par la suite en neurones puis n'exprimeront plus Pros. Les autres cellules Pros+ sont probablement aussi des GCs, mais exprimeraient Pros de façon très transitoire (Ceron et al., 2001) ; leur devenir n'a jamais été clairement établi.

Chez les **mutants *pros^V***, la répartition de la protéine Pros est très modifiée dans les LO. L'intensité du double marquage Pros/Elav diminue de façon visible chez *V13* et disparaît presque totalement chez *V1* (fig. 51 B, C). Ceci indique que le nombre de cellules GC est considérablement réduit chez ces deux mutants. Cependant, compte tenu de nos résultats précédents avec le marqueur H3p et la réaction TUNEL dans cette région, nous pensons que la diminution des GC n'a pas la même origine chez ces deux mutants. En effet nous avions signalé que le cerveau larvaire de *V1* présentait une activité mitotique normale et un certain

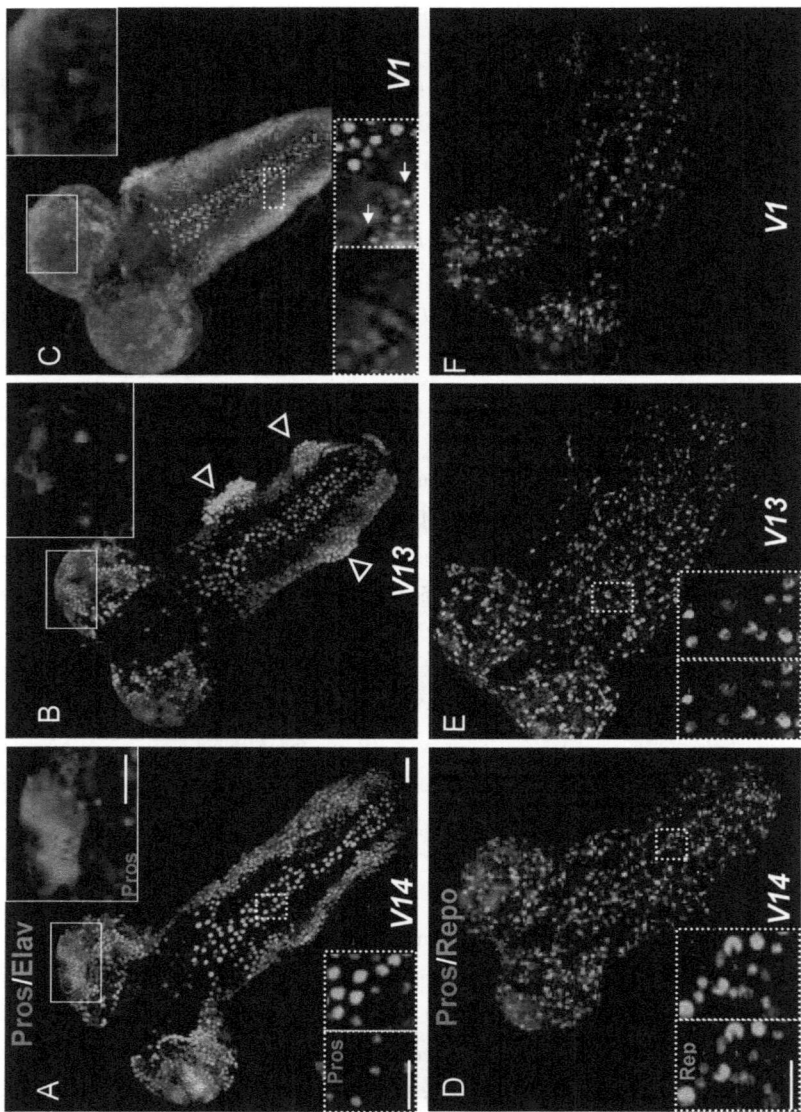

A Pros/Elav

Pros

V14

B

V13

C

V1

D Pros/Repo

Rep

V14

E

V13

F

V1

nombre de cellules en apoptose. Il est donc probable que la perte des GC chez *V1*, soit liée à une initiation précoce du programme de mort cellulaire. Chez *V13*, nous n'avons observé aucune activité apoptotique mais une augmentation de l'activité mitotique qui ne concerne pas les cellules GC (Dans les LO, les cellules mitotiques n'expriment pas Pros). Ceci suggère fortement que chez *V13*, la diminution du nombre de GC serait plutôt liée à leur différenciation précoce en neurones. Cependant, cette étude seule ne suffit pas à l'affirmer. On notera que la répartition des cellules gliales ne semble pas modifiée chez les mutants $pros^V$ telle que révélée par un simple marquage avec Repo ou par des doubles marquages avec Pros/Repo (fig. 51 D, E, F).

Dans la chaîne nerveuse ventrale larvaire, nous avons comptabilisé les différents types cellulaires qui se côtoient dans la région médiane (tableau 8). Nous avons dénombré une soixantaine de cellules avec une localisation nucléaire de Pros, la quasi-totalité de ces cellules correspond à des cellules gliales puisqu'elles expriment aussi le marqueur Repo (fig. 50 D). Cependant toutes les cellules gliales n'expriment pas *pros*, puisqu'une centaine de cellules exprime exclusivement le marqueur Repo. De plus, la région centrale comprend en moyenne 96 cellules neuronales (tableau 8), aucune n'exprimant Pros.

Chez *V1*, la différence la plus importante résulte de la localisation subcellulaire cytoplasmique de Pros dans la CNV (fig. 50 C et F). Cependant, le nombre final de cellules gliales et neuronales n'est pas significativement modifié par rapport à *V14*, du moins dans cette région où nous avons pu clairement les comptabiliser (tableau 8). On peut tout de même noter que, par comparaison à *V14* et aussi *V13*, les cellules situées de part et d'autre de la ligne médiane pourraient avoir changé d'identité. En effet certains neurones (localisation nucléaire d'Elav) montrent également une localisation cytoplasmique de Pros (fig. 50 C).

Dans la CNV de *V13*, le nombre de neurones augmente de 25% environ (fig. 50 B, tableau 8). Cette augmentation pourrait être responsable de l'hyperplasie observée dans la CNV. On remarque également un accroissement du nombre de cellules gliales dans cette

---

Figure 51(p. 106): **Profil de répartition des cellules exprimant Pros, Elav et Repo dans le SNC larvaire.**
SNCs de larves de stade III en vues dorsales, marqués avec les anticorps Pros (rouge) et Elav (vert,) (A-C) ou Repo (vert,) (D-F). (A) Chez le sauvage, le double marquage Pros/Elav, localisé dans la région des lobes optiques (LO) correspond aux cellules GCs. Ce double marquage disparaît presque totalement chez les mutants *V13* (B) et *V1* (C). Dans la région médiane de la chaîne nerveuse ventrale (CNV) de type sauvage, aucune des cellules Pros+ ne co-exprime le marqueur Elav (A) mais toutes expriment *repo* (D). Le mutant *V13* montre une hyperplasie de la CNV (flèches) due à un excès de neurones (B) ; on remarque que les cellules gliales qui n'expriment pas *pros* sont plus nombreuses dans la CNV, alors que le nombre de cellules gliales exprimant *pros* ne semble pas modifié (E). Chez *V1*, le marquage Pros est localisé dans le cytoplasme (C et F). Aucun double marquage nucléaire Pros /Repo n'est détecté dans la CNV de ce mutant, le nombre total de cellules Repo semble identique au sauvage (F). Les barres d'échelle représentent 50 µm.

	Pros+/Repo+	Pros-/Repo+	Total Repo+	Elav+
V14	60.9±6.8	98.5±6.2	159.4±13.1	110.7±5.2
V13	61.5±6.1	116.2±15.7	177.8±21.9	**130±6.2****
V1	**0*****	148.3±2.1*	148.3±2.08	115.5±4.5

Tableau 8 : Comptage des différents types cellulaires dans la région dorsale de la CNV larvaire.
Dans la CNV, toutes les cellules exprimant Pros sont des cellules gliales (Pros+/Repo+), mais aucune ne co-localise avec le marqueur Elav. Chez *V13*, le nombre de cellules Pros+ ne varie pas mais on observe une légère augmentation du nombre de cellules Repo+ et une très nette augmentation du nombre de neurones (cellules Elav+). Chez *V1*, aucun double marquage Pros+/Repo+ n'a pu être détecté en raison de la localisation cytoplasmique de Pros. Cependant, on remarque que le nombre final de cellules Repo+ est inchangé par rapport au sauvage. Les valeurs correspondent aux moyennes indiquées avec l'erreur standard moyenne (5<n<9). (Mann-Whitney. *** = p<0.001; ** = p<0.01; *= p<0,05).

région. L'augmentation conjointe, et dans la même proportion, des neurones et cellules gliales suggère une prolifération accrue de neuroglioblastes (NGB).

En résumé, il ressort de ces analyses que les variations inverses du niveau de pros ont des effets distincts sur le développement du SNC larvaire. De plus les anomalies observées semblent beaucoup plus importantes et diffèrent de celles que nous avions signalées dans le SNC de l'embryon. Cette sévérité plus marquée des phénotypes larvaires (localisation incorrecte de pros, perturbation de l'activité mitotique et de l'apoptose, prolifération excessive des cellules gliales et neuronales) pourrait être en partie liée à l'altération du cycle cellulaire observée dans le SNC de l'embryon. Si pros a un rôle majeur à jouer dans le contrôle du rythme de la division, il n'en reste pas moins que celui-ci semble être modulé par son propre niveau d'expression, par le lignage dans lequel il s'exprime et au cours du développement.

DISCUSSION

Dans cette étude, nous avons établi que les variants *pros^V* analysés se différencient d'abord par le niveau de transcrit *pros* qu'ils expriment. Dans ces mutants, les deux formes de transcrits *pros-L* et *pros-S* semblent être dérégulées de manière distincte dans le système nerveux central (SNC) ou périphérique (SNP). Ces variations ont des effets multiples sur le guidage axonal, l'activité mitotique et apoptotique ainsi que sur la différenciation cellulaire, qui semblent dépendre du contexte cellulaire et du stade de développement. L'ensemble de ces résultats met en lumière l'existence d'une régulation spatio-temporelle de *pros* et soulève des réflexions sur son implication dans la génération des anomalies structurelles, développementales, mais aussi comportementales observées chez les mutants *pros^V*.

Les transcrits *pros-L* et *pros-S* doivent être précisément régulés au cours du développement.

Nos quantifications ont été réalisées sur l'ARNm. Bien que le niveau de transcrit pourrait ne pas refléter celui de la protéine (des mécanismes post-transcriptionnels pouvant intervenir), nos données immuno-histochimiques et quantitatives sont en général assez bien corrélées.

Cette étude a montré que le taux des transcrits *pros-L* et *pros-S* doit être précisément régulé au cours du développement et dans les différentes régions du système nerveux. Leur signification fonctionnelle n'a jamais été établie mais nos résultats indiquent qu'ils sont distinctement requis au cours du développement ainsi que dans différentes régions du SN. Ainsi, chez l'embryon, un niveau minimum de *pros-S* serait nécessaire à la mise en place correcte du SNP. En effet, une diminution de ce transcrit suffit à induire des altérations de sa structure, comparables à celles observées chez le mutant nul *pros*. De précédentes études (Otake et al., 2002; Scamborova et al., 2004) avaient suggéré que *pros-S* ne serait pas nécessaire au développement de l'embryon puisque des mutants nuls pour cet isoforme peuvent survivre jusqu'au stade larvaire. Les embryons *V1,* qui sous-expriment *pros-S,* peuvent en effet atteindre le stade larvaire mais cela s'accompagne d'altérations importantes de la structure du SNP qui pourraient expliquer la mortalité post-embryonnaire précoce. Si Pros-L est primordial chez l'embryon, notre étude a montré que ce serait plus spécifiquement dans le SNC. Dans cette région, son niveau d'expression doit être régulé précisément, puisqu'une sur-expression de *pros-L* entraîne une altération importante du profil mitotique.

Les transcrits *pros-S* et *pros-L* sont générés respectivement par l'épissage alternatif d'un même intron (situé entre les exons 2 et 3) soit de type U12, soit de type universel U2. La proportion d'un transcrit par rapport à l'autre semble primordiale puisque le ratio varie au cours du développement. Celui-ci est contrôlé par un élément de type PRE (Purine riche element) situé dans ce même intron (fig. 15 Introduction ; Scamborova et coll., 2004). Chez nos mutants, le niveau de chaque transcrit est altéré différemment, modifiant de ce fait le ratio *pros-S/ pros-L*. La raison pour laquelle l'insertion d'un transposon en amont du gène *pros* perturbe ce mécanisme reste encore à éclaircir.

Au cours du développement du SNC, le niveau d'expression de *pros* doit être ajusté pour permettre un contrôle efficace du cycle cellulaire.

L'analyse du profil mitotique n'a été discutée que pour le SNC. En effet, comme nous l'avons souligné dans nos résultats, la prolifération cellulaire dans l'AMC survient et s'achève très tôt au cours du développement embryonnaire. De ce fait, aucun signe d'activité

110

mitotique n'a pu être observé dans cette région ni au stade 16 ni au stade LIII et ce, pour aucune de nos lignées.

Au cours de la formation du système nerveux, *pros* joue un rôle déterminant (qui peut différer selon le contexte cellulaire où il s'exprime) dans le contrôle des gènes du cycle cellulaire.

Ainsi, **dans le SNC embryonnaire**, nous avons observé que l'absence de *pros* ou sa surexpression (plus spécifiquement *pros-L*) induisent respectivement une augmentation ou une réduction importante du nombre de cellules en division (H3p). Ces données sont en accord avec le rôle attribué à *pros* dans le SNC embryonnaire puisque dans les lignages neuroblastiques, la translocation de Pros dans le noyau de la GMC, correspond à l'arrêt de la transcription des gènes *cycline A, cycline E* (*cycE*) et *string*, empêchant ainsi la cellule de subir un nouveau cycle de division (Li and Vaessin, 2000). L'effet de la surexpression de *pros* indique que son niveau doit être ajusté pour permettre une régulation correcte du cycle cellulaire.

Nous avons également montré que la sous-expression de *pros* (plus spécifiquement du transcrit *pros-S*), entraîne une activité apoptotique qui pourrait aussi être à l'origine de la réduction du nombre de cellules mitotiques. Le contrôle du cycle cellulaire par Pros pourrait donc s'effectuer à deux niveaux : dans la progression du cycle et dans le maintien d'un signal de survie. De plus nos résultats suggèrent que le niveau des deux transcrits doit être précisément ajusté pour permettre une régulation correcte du cycle cellulaire chez l'embryon.

Dans le SNC larvaire, l'augmentation du niveau de transcrit *pros-L* induit un effet inverse de celui observé chez l'embryon puisqu'on observe une augmentation de l'activité mitotique, en particulier dans les hémisphères cérébraux. Cependant cette activité mitotique ne touche pas tous les lignages. En effet dans les hémisphères cérébraux l'expression de *pros* diffère selon les lignages cellulaires. Dans les LO, *pros* est exprimé uniquement dans les cellules GC post-mitotiques (Ceron et al., 2001; Ceron et al., 2005).

Nos résultats indiquent que la surexpression de Pros induit une diminution du nombre de GC due probablement à une différenciation précoce de ces cellules en neurones. Cette hypothèse est confortée par la récente communication de Colonques et coll. (Neurofly 2006), ces auteurs ont montré que Minibrain (Mnb) active l'expression de *pros* dans les GC, induisant ainsi leur sortie du cycle cellulaire et leur différenciation en neurones. La sous-

111

expression du transcrit *pros-S* dans le SNC induit également une diminution drastique du nombre de GC, encore une fois celle-ci pourrait être attribuée à une perte cellulaire par apoptose. Ceci est supporté par le fait qu'en l'absence de *Minibrain*, les GC continuent à se diviser avant d'être éliminées par apoptose (Colonques et al., 2006).

La diminution du nombre de GC, chez les mutants *V13* et *V1*, pourrait donc être liée à une altération de leur cycle cellulaire, ainsi, le niveau d'expression de *pros* serait déterminant dans ce contrôle. Même s'il est prématuré de tirer des conclusions sur le rôle de pros-S et pros-L, il semblerait qu'ils soient liés à des effets divergents sur le cycle cellulaire.

Toutefois, d'après nos données, Pros n'a pas toujours cet effet répresseur sur le cycle cellulaire dans les autres lignages du SNC larvaire. En effet, la surexpression de *pros-L* induit une augmentation de l'activité mitotique dans d'autres cellules du cerveau larvaire (*V13*). Cela ne constitue pas un cas isolé puisque nous avons observé une prolifération cellulaire encore plus marquée chez un autre mutant *pros^V* (*V24*) surexprimant les deux transcrits *pros* dans le SNC larvaire. Par conséquent, il semble probable que l'augmentation du nombre de cellules en division soit un effet direct de la surexpression de *pros*. Nous ne savons pas si ces cellules mitotiques concernent plusieurs lignages mais tout porte à croire que le rôle de Pros pourrait différer selon le contexte cellulaire et le stade de développement où il s'exprime. Cependant, nous ne pouvons pas exclure la possibilité que cette différence pourrait aussi être la conséquence d'ajustements de la prolifération cellulaire qui, par des mécanismes indépendants de Pros, compenseraient en partie les effets observés chez les embryons mutants.

La variation du niveau d'expression de *pros* n'influence pas directement la différenciation des cellules gliales du SNC.

Dans certains lignages neuroglioblastiques (NGB) du SNC embryonnaire, *pros* est nécessaire au maintien de l'expression de *glide/gcm*. Ainsi, dans les lignages cellulaires des NB6-4T, la perte de fonction de *pros* est associée à une réduction de l'expression de *glide/gcm* (Akiyama-Oda et al., 1999; Freeman and Doe, 2001). Griffith et Hidalgo (2004) ont également montré que, chez le mutant nul *pros*, la modification du nombre de LG était liée à une perte de contrôle du cycle cellulaire dans ces cellules. Dans ces deux cas il apparaît que Pros influence la différenciation des cellules gliales.

Si l'absence de *pros* induit une modification du nombre de cellules gliales dans certains lignages, la variation du niveau des deux transcrits *pros*-S et *pros*-L dans la **CNV embryonnaire** n'induit aucune anomalie visible dans la différenciation des ces cellules. De plus, la structure de cette région n'est pas altérée avec le marqueur BP102. La quantification du taux de transcrit ayant été réalisée sur des embryons entiers, il est possible que les niveaux de transcrits L et S ne varient pas dans cette région. Y. Grosjean (thèse d'université, 2002, Dijon) avait indiqué que la quantité de protéine dans la CNV de *V1* et *V13* semblait normale (fig. 24 Introduction). Cependant, les mesures de protéine ont été effectuées à l'aide d'un anticorps pouvant reconnaître les deux isoformes protéiques. De ce fait, on ignore si le ratio des protéines Pros-S/Pros-L, qui semble d'une grande importance, n'est pas modifié. Dans tous les cas, il semble que le niveau de Pros dans la CNV embryonnaire se situe dans une gamme appropriée pour assurer la différenciation des cellules gliales et leur nombre correct.

Dans la CNV larvaire, toutes les cellules qui expriment Pros sont des cellules gliales. En dépit de la localisation cytoplasmique de Pros dans la CNV du mutant de sous-expression de *pros*, nous avons remarqué que le nombre et la position des cellules gliales semblent être corrects, du moins dans la partie dorsale de la CNV où les cellules ont pu être dénombrées. De ce fait, il est probable que le contrôle de leur différenciation s'effectue indépendamment de Pros. Cependant, il est également possible que cette localisation incorrecte de Pros survienne après la différenciation des cellules gliales et précède la mortalité larvaire des individus *V1*. Nous avons également montré que la surexpression de Pros induit une augmentation du nombre de cellules gliales dans la CNV larvaire. Néanmoins, cette augmentation ne concerne que les cellules exprimant exclusivement le marqueur Repo et s'accompagne d'une augmentation équivalente de neurones. Dès lors, il semblerait que la présence de neurones et cellules gliales surnuméraires soit due à une perte de contrôle de la prolifération cellulaire dans les NGB secondaires. Tout porte donc à croire que Pros n'est pas impliqué dans les mécanismes de différenciation et de prolifération des cellules gliales dans le SNC larvaire, du moins dans les régions et lignages analysés.

L'AMC larvaire est mis en place dès le stade embryonnaire, *pros* s'y exprime de façon majeure.

L'AMC larvaire est une région particulière du SNP. Les processus aboutissant à la mise en place, dès l'embryon, du futur organe chimiosensoriel larvaire, n'ont jamais été décrits. L'analyse de cette région indique que sa composition cellulaire ne varie pas entre les stades embryonnaire et larvaire. La structure définitive de l'AMC larvaire serait donc mise en place au cours du développement embryonnaire. Nous avons cependant remarqué que la morphologie des cellules de l'AMC diffère au stade larvaire. C'est le cas des cellules à gros noyau (exprimant un niveau très élevé de Pros), présentes uniquement chez les larves. Comme le nombre total de cellules Pros+ ne varie pas entre ces deux stades de développement, on peut supposer que ces cellules étaient déjà présentes au stade embryonnaire mais avec une morphologie différente. La majorité des structures larvaires étant lysées au cours de la métamorphose, la présence de ces cellules suppose que Pros pourrait jouer un rôle particulier.

La description de l'AMC larvaire (TO + DO) faite par Stocker (1994) suggère que celui-ci est constitué de 13 sensilles ; de notre côté, nous avons dénombré environ 65 neurones dans l'AMC larvaire de type sauvage. Chez l'adulte, la sensille gustative au niveau du labium est habituellement composée de deux à quatre neurones gustatifs et d'un neurone mécanosensoriel, accompagnés de cellules accessoires (cellule tormogène, thécogène et trichogène) (Falk et al., 1976). En supposant que les sensilles gustatives de l'AMC larvaire sont organisées de manière similaire à celles de l'adulte, chaque sensille de l'AMC pourrait comprendre au maximum cinq neurones (quatre exprimant le marqueur Elav uniquement et un co-exprimant Pros et Elav) plus une cellule thécogène. Au total nous devrions obtenir 65 neurones, ce qui est conforme à nos observations. Cependant, le nombre attendu de cellules exprimant uniquement Pros devrait donc être de 13, or celui-ci est bien supérieur. Cette observation suggère que la structure des sensilles dans l'AMC larvaire est différente de celle de l'adulte. L'identité et le rôle des cellules exprimant *pros* reste donc à établir.

L'altération de la gustation résulterait de la sous expression de Pros dans les cellules neuronales.

Nous avons vu qu'une légère augmentation du niveau d'expression de *pros* dans l'AMC n'entraîne pas de modifications à l'exception d'une différenciation précoce des cellules neuronales exprimant *pros*. A l'inverse une sous-expression de *pros* induit plusieurs anomalies. Elle provoque notamment la perte d'un certain nombre de cellules, probablement en partie des cellules thècogènes. La « disparition » de ces cellules semble être le fait d'une activité apoptotique, confortant ainsi l'hypothèse que Pros pourrait être impliqué dans le maintien d'un signal de survie dans certaines cellules. La sous-expression de *pros* n'empêche pas la différenciation neuronale mais semble par contre perturber l'expression d'un certain nombre de gènes spécifiques dans ces neurones. En effet, les projections neuronales reliant l'AMC au SNC sont altérées.

Nous avons observé que *pros* n'est jamais exprimé dans les cellules gliales de l'AMC. Dans le SNP larvaire, l'étude des organes sensoriels des segments abdominaux a montré que la division du précurseur primaire ne produit pas de cellules gliales. Les cellules gliales périphériques du SNP larvaire seraient, pour la majorité (sinon toutes), produites dans le SNC embryonnaire, celles-ci commencent à migrer le long des nerfs périphériques au cours des stades 13 et 14 chez l'embryon et poursuivent leur migration jusqu'aux stades larvaires tardifs (Sepp et al., 2000). Cependant, nous avons remarqué que la sous-expression du transcrit *pros-L* est liée à une modification du nombre de cellules gliales dans l'AMC larvaire. Nous pensons donc que les cellules gliales additionnelles sont un effet secondaire de la sous expression de *pros*. Celles-ci pourraient provenir d'une migration incorrecte due aux altérations des projections neuronales reliant l'AMC au SNC.

Bien que *pros* soit exprimé à un niveau élevé dans l'AMC embryonnaire et larvaire, son implication directe dans la réponse gustative larvaire reste difficile à interpréter. Nous avons vu que l'expression de *pros* varie, et parfois de façon dramatique, dans l'AMC des différents mutants examinés. Si cela n'affecte en rien le nombre des neurones différenciés, il semblerait que leur différenciation et leur fonction soient altérées. Quelle que soit la relation existant entre les cellules Pros+ et la réponse gustative, il est clair que la plupart des défauts de gustation observés chez les mutants *V1* résulte d'effets directs de la sous-expression de *pros*. Par exemple, nous pourrions envisager qu'ils sont la conséquence d'une intégration incorrecte des stimuli au niveau du SNC, du fait de l'altération des projections neuronales reliant l'AMC et les zones du SNC impliquées dans la gustation.

En conclusion, nous avons montré que selon la taille du transposon resté inséré en amont de pros, son expression varie de manière (1) transcrit –spécifique, (2) tissu-spécifique et (3) temporelle. La variété des défauts induits dans le SNC par une altération de l'expression de pros semble due, la plupart du temps, à une dérégulation du cycle cellulaire et/ou à une activité apoptotique. Cependant, le rôle de pros dans le contrôle du cycle cellulaire pourrait varier selon le contexte cellulaire et le stade de développement.

Nous avons mis en évidence que, dans l'AMC, pros joue un rôle primordial, il est exprimé dans certains neurones et dans des cellules qui pourraient être des cellules thécogènes. La réduction de son expression altère profondément cette structure en modifiant sa composition cellulaire et probablement la fonction de certains neurones. Si nous ne cernons pas encore très bien le rôle de Pros dans cette région, l'étude par puces à ADN qui suit ce chapitre, apportera quelques éléments de réponse.

Enfin, ce travail a mis en évidence que pros est régulé de façon différente dans l'AMC et le SNC, ce qui pourrait suggérer que des éléments régulateurs distincts dirigeraient son expression dans ces deux régions. La troisième partie de cette thèse aura pour but d'explorer cette hypothèse.

Partie II : Rôle de Prospero dans le complexe antenno-maxillaire (AMC). Approche pan-génomique

Dans la première partie de ce travail, nous avons décrit les anomalies phénotypiques observées dans l'AMC et le SNC de différents mutants d'expression de *pros*. Dans la continuité de ce travail, nous avons utilisé une approche pan-génomique pour :

1) Rechercher les gènes dont l'expression est altérée dans l'AMC larvaire de nos mutants et mieux comprendre le rôle de Pros dans cet organe chémosensoriel.

2) Repérer des cibles putatives du gène *pros*, requises à des stades tardifs du développement (étude qui n'a jamais été menée jusqu'ici puisque nous sommes les seuls à posséder des lignées mutantes de *pros* viables au delà du stade embryonnaire).

Les micro-membranes de Nylon utilisées portent les produits d'amplification de PCR de 7500 gènes du génome de *Drosophila melanogaster*. La partie expérimentale et la quantification ont été effectuées sur la plate-forme TAGC (Technologies Avancées pour le Génome et la Clinique, INSERM ERM 206) de la génopole de Marseille et en collaboration avec l'unité INSERM U533 à Nantes.

En plus des 4 lignées analysées dans la partie I (*V14, V17, V13, V1*), nous avons utilisé une lignée mutante supplémentaire : *V24* qui présente une altération partielle de la gustation et qui présente le même patron d'expression que *V13* dans le SN (voir description fig. 17, partie Introduction). L'analyse a porté essentiellement sur l'AMC larvaire. Nos données ont été ensuite comparées à celles obtenues sur le SNC (cerveau et CNV) larvaire ou sur les embryons entiers de stade 16.

RESULTATS

I. Choix de la stratégie.

La technique des puces à ADN (microarrays) constitue un outil puissant mais qui génère une masse d'informations qu'il n'est pas toujours facile d'interpréter. Il est clair que la qualité et la signification des données dépendront du choix des échantillons et des méthodes utilisées, paramètres déterminés par la question de départ.

Le rôle de Pros pouvant varier selon les lignages cellulaires, l'analyse d'un tissu contenant plusieurs lignages peut introduire un certain nombre de biais. Par comparaison au SNC larvaire, l'AMC est constitué d'un nombre beaucoup plus réduit de cellules. De plus, Pros n'est présent que dans une cinquantaine de cellules ce qui rend l'analyse des données plus fiable sur cet organe.

La façon de traiter les données et la stratégie ont été guidées par la caractérisation préalable de nos variants *pros^V*. En effet, compte tenu des données issues de l'analyse de l'AMC dans la première partie de cette thèse, il nous paraissait judicieux de comparer les échantillons AMC des mutants *V1* avec les échantillons AMC des autres variants *pros^V*. D'autre part, la recherche de gènes spécifiquement altérés dans l'AMC *V1* nécessitait d'introduire dans l'analyse, des modèles comparatifs provenant de régions différentes du système nerveux. C'est la raison pour laquelle nous avons confronté les résultats obtenus sur l'AMC à ceux issus de l'analyse des échantillons de type SNC. Enfin, nous avons choisi d'inclure également l'analyse des embryons entiers pour disposer d'un stade de développement différent.

L'approche que nous avons utilisée consiste en une analyse globale par clustering, permettant de comparer plusieurs groupes d'échantillons en même temps. Elle repose sur l'utilisation d'un logiciel spécialisé qui effectue des regroupements hiérarchiques entre les gènes (Cluster). Les résultats peuvent ensuite être visualisés d'une manière explicite sous forme d'un arbre (TreeView). Cette méthode présente l'avantage de regrouper les gènes co-régulés, souvent impliqués dans une même fonction biologique. Elle favorise de plus la détection des gènes différentiellement exprimés. En effet, compte-tenu de la multiplicité des tests (autant que de gènes), il est parfois difficile de savoir si un gène est un vrai- ou un faux-

	1	2	3		24	25	26	27
	données	Amc_V13	Amc_V13	Amc	Embryon_V14	Embryon_V17	Embryon_V1	Embryon_V24
1								
2	CG8586 _ FBgn	3,16672743	3,235547537	2,0	1,803052388	1,563596904	1,77543285	4,181457139
3	CG31445 _ FBg	2,686267622	2,101418262	1,5	1,352465281	1,0969389	1,799655435	36,72352028
4	CG8136 _ FBgn	1,399730184	0,871353274	0,9	0,663842268	0,845269461	1,004393086	3,360699519
5	Dcr-1 _ FBgn00	2,614297973	1,116786776	2,2	1,668423877	1,210354179	1,636698871	7,444003707
6	CG8092 _ FBgn	3,373946301	2,648281183	3,2	2,318503089	1,991623746	2,26480077	15,10007716
7	Lrr47 _ FBgn001	1,697898262	1,036066817	1	0,943459789	1,591627704	1,008542732	16,99704458
8	CG10373 _ FBg	2,658494447	2,467029404	2,5	2,791941837	2,6363135	2,376869648	9,127761066
9	CG1999 _ FBgn	1,312343774	1,169182354	1	1,568595706	1,529541984	0,789595771	10,26299567
10	CG10496 _ FBg	1,652583863	1,060023724	0,6	1,046260241	1,17257052	0,828287493	5,039968483
11	XNP _ FBgn003	2,096509722	1,132431086	1,1	1,342396513	1,702182185	2,448698338	18,96405126
12	l(1)1Bi _ FBgn0	0,381734549	0,271331496	0,4	0,270780063	0,294802826	0,255680197	2,820062916
13	CG17765 _ FBg	4,581662083	2,357956403	3,9	3,698355104	3,522980867	2,654495236	23,84099565
14	Spt5 _ FBgn004	2,305613595	2,926519532	2,3	3,695876038	4,201983154	2,175878744	19,89588069
15	CG8831 _ FBgn	2,061593805	1,657007451	2,3	3,365809367	2,74399535	2,516784667	15,96114006
16	CG12105 _ FBg	1,463657903	1,583008153	1,5	3,415212139	1,969586278	1,902777282	33,69009056
17	CG1902 _ FBgn	3,58157339	4,023564019	4,0	6,919943657	4,912128569	4,285106063	78,06553312
18	CG12263 _ FBg	0,988805491	1,233512445	1,4	2,097867179	1,837486165	2,167772543	16,16020501
19	CG6962 _ FBgn	0,800262975	2,002549975	1,4	1,668812312	1,618666514	0,974014025	9,924950339
20	SA _ FBgn0020	2,509272359	3,060724406	2,7	2,52725644	4,469036806	2,972124486	17,84976432
21	CG12187 _ FBg			8,6	2,718690291	2,41692056	4,121916663	
22	CG16974 _ FBg	1,30859119	0,632487318	1,3	0,698798182	0,732795067	0,900816023	10,38438502
23	CG8232 _ FBgn	2,352198336	1,808423093	4,4	2,430545997	1,74182581	2,604417786	8,619502545
5943	Mef2 _ FBgn001	3,208415689			1,309779321	2,970532417		1,831029003
5944	Nrg _ FBgn0002		6,895728328	4,0				
5945	Pgm _ FBgn000		6,40256311	7,6				7,082469965
5946	smi35A _ FBgn0		7,65308727	6,1	5,303765214			
5947	Thiolase _ FBgn			6,9				3,986187687
5948	trio _ FBgn0024			4,2	7,532205545	7,133856819	4,920188027	
5949	trol _ FBgn0001		3,684347423		1,068570395	3,802067984	0,763027573	
5950	Tyler+Shawn		3,324644723	7,0				2,401437882

Figure 52 : Tableau contenant l'ensemble des données normalisées
Tableau Excel final récapitulatif, correspondant aux données normalisées obtenues pour chaque gène (5949 ; colonne 1) et pour les 24 échantillons (ligne 1). Le tableau complet, nommé « classeur 1 données normalisées », figure en annexe sous forme de fichier électronique.

positif. Un groupe de gènes corrélés (avec un même profil d'expression) ayant peu de chance d'être dû au hasard (le hasard par définition n'est pas corrélé), on considère qu'un groupe de gènes différentiels et corrélés est sûrement un groupe de vrais-positifs. Cette stratégie permet de travailler avec un nombre d'échantillons limité.

Notre étude a porté sur l'analyse de 13 échantillons différents (*V14, V13, V24, V1* dans l'AMC, le SNC larvaire et dans l'embryon entier auquel il faut ajouter le mutant nul *V17*) en essayant, autant que possible, de disposer de 2 à 3 extractions indépendantes pour chacun d'entre eux. Le clustering général, réalisé sur l'ensemble des échantillons, a constitué le point de départ et la base de toute cette étude. Ainsi, pour toutes les analyses complémentaires réalisées sur un tissu donné (répartition des gènes différentiels), nous nous sommes basés sur la classification des gènes faite par le clustering général, de façon à obtenir des points de comparaison fiables. Le recours systématique au clustering général limite ainsi au maximum les biais que nous aurions pu rencontrer en travaillant de manière indépendante sur chaque tissu. En procédant de cette manière, nous sommes probablement passés à côté de quelques gènes régulés par *pros* mais avons également éliminé un maximum de faux positifs. En effet, nous avons systématiquement utilisé les conditions les plus stringentes en ne nous intéressant qu'aux gènes différentiels groupés en cluster et associés de manière significative à une ontologie par GoMiner.

II. Analyse globale des données

L'analyse des résultats a été faite à partir des données normalisées (voir Matériel et méthodes Partie II § V) rassemblées dans un tableau croisé Excel (fig. 52 ; classeur 1 en annexe électronique). Les lignes du tableau correspondent aux 5949 gènes retenus (sur les 7500 de départ) après élimination des valeurs inférieures au seuil de signification. A chaque gène correspondent les valeurs obtenues pour les échantillon analysés (réplicats compris), soit 24 colonnes au total.

La première étape a consisté à réaliser une classification hiérarchique de l'ensemble des données (voir Matériel et méthodes Partie II § VI.1). Celle-ci permet de rassembler les gènes qui se comportent de façon similaire, formant ainsi des groupes appelés « clusters ». A partir de cette classification, nous avons utilisé des approches complémentaires dites « supervisées ». Celles-ci permettent d'identifier, pour chaque tissu, les gènes qui s'expriment

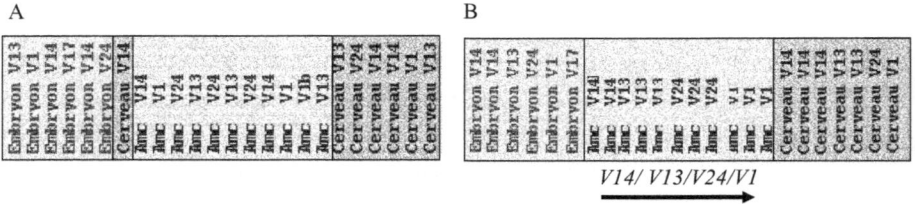

Figure 53 : Classement des échantillons obtenu après la classification hiérarchique.
(A) Le logiciel Cluster calcule les distances entre gènes et entre échantillons ; les échantillons se trouvent regroupés par origine (embryon, AMC et cerveau larvaire), sauf l'échantillon « Cerveau *V14* ». (B) Ordre imposé pour la suite des analyses, les allèles ont été classés selon la gravité de leur phénotype au sein de chaque type d'échantillon.

de façon significativement différente chez $V1$ comparativement aux autres lignées $pros^V$.

1. Classification hiérarchique non ordonnée

La classification hiérarchique non ordonnée a été réalisée à l'aide du logiciel Cluster. Dans ce type de classification, l'ordre des échantillons n'est pas imposé. Le logiciel effectue donc des calculs de distance entre les gènes mais aussi entre les échantillons. Il regroupe les gènes qui présentent des profils d'expression similaires et ce pour le plus grand nombre de gènes considérés. Lors de l'utilisation de ce logiciel, nous avons appliqué un filtre permettant de ne conserver que les gènes pour lesquels des valeurs sont obtenues pour au moins 80% des échantillons. A l'issue de cette étape, 5643 gènes ont été retenus. La visualisation de nos résultats à l'aide du logiciel TreeView montre que les échantillons (à l'exception de l'échantillon « cerveau $V14$ ») se rassemblent avant tout selon leur origine : embryon, AMC larvaire et cerveau larvaire (fig. 53 A). Cette étape permet de valider nos échantillons et de vérifier leur homogénéité.

2. Classification hiérarchique ordonnée

Afin de faciliter la lisibilité de ces résultats et d'étudier plus précisément les clusters tissu spécifiques, nous avons groupé les échantillons selon leur origine (embryons, AMC et SNC larvaires) et ordonné les allèles selon la sévérité croissante de leurs phénotypes (létalité, anomalies locomotrices ou gustatives) de sorte qu'ils soient toujours organisés de la manière suivante : $V14$, $V13$, $V24$ et $V1$ (puis $V17$ pour les embryons) (fig. 53 B). La classification ordonnée, visualisée sous TreeView, a permis d'identifier 6 « clusters », notés de 1 à 6 sur la figure 54, correspondant à des groupes de gènes sur-exprimés (rouge) ou sous-exprimés (vert) dans un tissu donné (tous variants $pros^V$ confondus). La liste de gènes de chaque cluster a été soumise au logiciel GoMiner afin de trouver la fonction biologique qui leur est associée (fig. 54). Pour cela, le logiciel détermine l'enrichissement du cluster en gènes impliqués dans une fonction donnée, par rapport à la représentation de cette fonction sur l'ensemble de la puce. La probabilité (p) que cette association soit due au hasard est donnée. Les six clusters ont été donc identifiés somme suit :

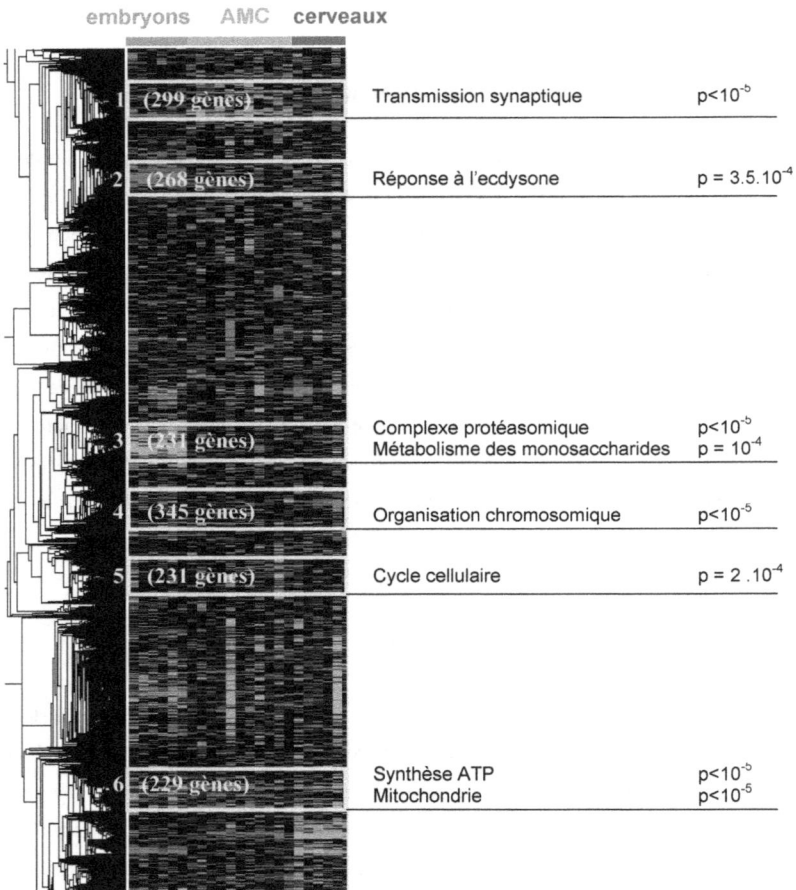

Figure 54 : Classification hiérarchique visualisée à l'aide du logiciel TreeView.
Pour chaque catégorie : embryons, AMC ou cerveaux larvaires, les échantillons ont été classés en fonction du degré de gravité de leurs phénotypes : *V14/V13/V1* puis *V1*. Le mutant *V17*, létal embryonnaire, n'apparaît que dans les échantillons de type embryons. 6 clusters se détachent clairement du reste de l'arbre (encadrés jaunes). Les gènes d'un même cluster ont un profil d'expression similaire dans un tissu donné. Les variations qui apparaissent sont donc inter-tissulaires et ne permettent pas de voir les variations entre allèles au sein d'un même tissu.
Les fonctions correspondant à ces groupes de gènes, obtenues à l'aide de GoMiner, ainsi que leur probabilité (p), sont indiquées à coté de chaque groupe. La liste de gènes pour chaque cluster est donnée dans le classeur 2 (données électroniques supplémentaires).

• **Cluster 1** : est associé à l'ontologie « **transmission synaptique** » (p<10-5), il est constitué de 299 gènes surexprimés dans les embryons et le SNC larvaire mais sous-exprimés dans les AMC larvaires.

• **Cluster 2** : constitué de 269 gènes principalement impliqués dans la « **réponse à l'ecdysone** » (p= 3,5.10-4), ceux-ci sont spécifiquement surexprimés chez l'embryon.

• **Cluster 3** : contient 231 gènes sous-exprimés chez l'embryon, ce cluster est lié significativement aux ontologies « **complexe protéasomique** » (p<10-6) et « **métabolisme des monosaccharides** » (p= 10-4).

• **Clusters 4** : ce cluster, annoté « **organisation des chromosomes** » (p<10-5) est constitué de 345 gènes surexprimés dans le SNC larvaire.

• **Cluster 5** : annoté « **cycle cellulaire** » (p = 2.10-4), il est composé de 231 gènes surexprimés dans le SNC larvaire.

• **Cluster 6** : lié à l'ontologie « **protéines mitochondriales** » (p<10-5) est constitué de 259 gènes sous-exprimés chez les embryons et cerveaux et sur-exprimés dans les AMC.

Ces six clusters correspondent à des signatures tissulaires spécifiques (la différence entre variants $pros^V$ est masquée par les divergences majeures qui existent entre ces tissus). Comme on le voit, certaines fonctions, comme la transmission synaptique ou le cycle cellulaire, ne sont pas régulées de la même manière dans l'AMC ou dans le cerveau larvaire. De même, on s'aperçoit que les gènes liés à la réponse à l'ecdysone sont surexprimés chez l'embryon juste avant l'avènement de la métamorphose. En raison de l'objectif assigné à cette étude, ces « signatures tissulaires » ne seront pas détaillées dans la présente étude. Pour faire émerger les différences entre allèles, nous avons conservé l'ordonnancement des gènes obtenu par ce Clustering et appliqué une méthode dite « supervisée ».

III. Identification des gènes dont l'expression est altérée dans l'AMC

Nos données immuno-cytochimiques et quantitatives sur l'AMC, indiquent que VI se distingue très nettement des autres allèles $pros^V$ et ce, dès le stade embryonnaire. C'est la raison pour laquelle nous avons déterminé les scores de discrimination entre VI et tous les autres allèles dans cet organe.

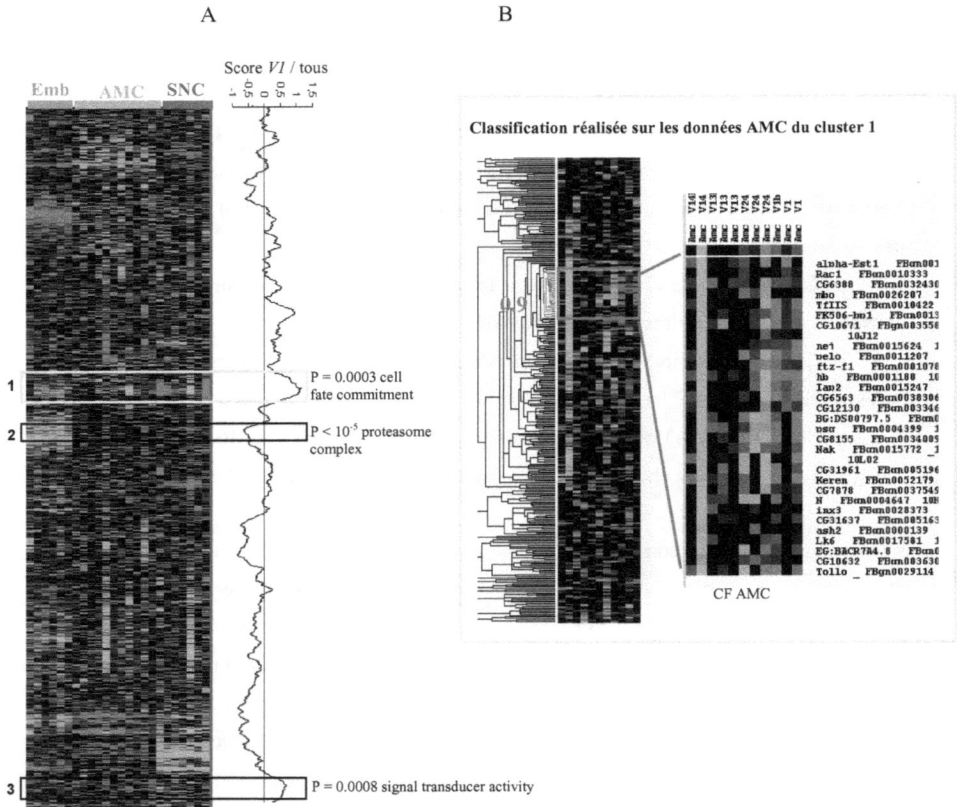

Figure 55 : Gènes différentiels dans les AMC larvaires *V1*.
(A) Classification hiérarchique sur laquelle a été lissée la courbe des scores *V1* par rapport à tous les autres variants *pros^V*. La courbe fait apparaître différents pics de valeurs positives ou négatives. Nous avons regardé si des ontologies pouvaient être associées de façon significative, pour les 3 pics les plus marqués (encadrés notés de 1 à 3). (B) La liste de gènes du cluster 1 et les valeurs associées pour chaque échantillon de type AMC ont été extraites du clustering général et soumises à un nouveau clustering. La visualisation par TreeView montre un groupe de gènes très corrélés (coefficient de corrélation = 0,9 ; encadré rose) spécifiquement surexprimés dans les AMC de type *V1*. Sur la droite figure la vue agrandie du groupe de gènes corrélés à 0.9, annoté CF AMC (Cell fate AMC).

1. Analyse des données obtenues pour les AMC larvaires

Dans l'AMC larvaire, les scores différentiels obtenus entre *V1* et tous les autres mutants *pros^V* varient de -1.86 à 2.42 (Matériel et méthode partie II § VIII). Les scores négatifs indiquent les gènes sous-exprimés chez *V1*, inversement, les valeurs positives les plus élevées correspondent aux gènes surexprimés. Pour visualiser nos résultats, nous avons lissé ces scores sur l'arbre de la classification hiérarchique obtenu précédemment, ils apparaissent alors sous la forme d'une courbe. Cette courbe a permis d'identifier 3 nouveaux clusters, matérialisés par des pics, pour lesquels les gènes ont été associés à des annotations significatives (1 à 3 fig. 55).

- Cluster 1 : gènes surexprimés chez *V1* (fig. 55 A). Il comprend 290 gènes associés à l'ontologie « cell fate commitment » (ou orientation d'un destin cellulaire) de manière significative (p= 0.0003).

- Cluster 2 : est annoté « Complexe protéasomique » (p<10^{-5}), il regroupe des gènes sous-exprimés chez *V1*.

- Cluster 3 : annoté « signal transducer activity » (transduction d'un signal) (p=0.0008), il comprend des gènes surexprimés dans les AMC *V1*.

1.1. Analyse du cluster 1 « cell fate commitment » ou orientation d'un destin cellulaire

Ce cluster, qui comprend 290 gènes, correspond à une fonction bien connue de *pros* (encadré jaune fig. 55 A, pour la liste complète voir classeur 3 du fichier électronique). Cette liste restreinte de gènes, ne comprenant que les données AMC, a été soumise à un nouveau clustering. Le nouvel arbre TreeView (fig. 55 B) fait apparaître notamment, un groupe de 29 gènes surexprimés chez *V1* et très corrélés entre eux (coefficient de corrélation = 0.9, indiqués en rose sur la fig. 55 B). Ce groupe sera annoté « **CF AMC** » (Cell fate AMC, données complètes dans classeur 3). Le coefficient de corrélation élevé indique que ces gènes ont une forte probabilité d'être régulés d'une manière similaire et que Pros pourrait être le dénominateur commun de cette régulation.

Parmi ces 29 gènes (tableau 9), figurent les gènes *hunchback (hb), notch (N)* et *Numb-associated kinase (nak),* tous trois connus pour être impliqués dans la détermination du destin cellulaire (Chien et coll., 1998; Guo et coll., 1995; Uemura et coll., 1989 ; Brody et Odenwald, 2000; Isshiki et coll., 2001).

	symbole	N° Flybase	Fonction
1	alpha-Est1	FBgn0015568	hydrolase activity
2	Rac1	FBgn0010333	dendrite morphogenesis
3	CG6388	FBgn0032430	tRNA processing
4	**mbo**	**FBgn0026207**	**protein-nucleus import**
5	TfIIS	FBgn0010422	transcription factor activity
6	**FK506-bp1**	**FBgn0013269**	**protein folding**
7	CG106710	FBgn0035586	
8	**nej**	**FBgn0015624**	**neurotransmitter secretion, synaptogenesis**
9	**pelo**	**FBgn0011207**	**cell cycle**
10	**ftz-f1**	**FBgn0001078**	**cell death, transcription cofactor activity**
11	**hb**	**FBgn0001180**	**neuroblast cell fate determination**
12	**Iap2**	**FBgn0015247**	**anti-apoptosis**
13	**Art3**	**FBgn0038306**	**protein amino acid methylation**
14	CG12130	FBgn0033466	peptidylglycine monooxygenase activity
15	**CG31731**	**FBgn0028539**	**transport**
16	**psq**	**FBgn0004399**	**transcription factor activity**
17	**CG8155**	**FBgn0034009**	**intracellular protein transport**
18	**Nak**	**FBgn0015772**	**asymmetric cell division**
19	**CG31961**	**FBgn0051961**	**protein binding**
20	**Keren**	**FBgn0052179**	**MAPKKK cascade**
21	**CG7878**	**FBgn0037549**	**nucleic acid binding**
22	**N**	**FBgn0004647**	**neurogenesis, cell differentiation**
23	inx3	FBgn0028373	innexin channel activity
24	CG31637	FBgn0051637	sulfotransferase activity
25	ash2	FBgn0000139	regulation of transcription
26	Lk6	FBgn0017581	Protein ubiquitinilation
27	CG3021	FBgn0040337	tRNA processing
28	CG10632	FBgn0036302	protein binding
29	**Tollo**	**FBgn0029114**	**transmembrane receptor activity**

Tableau 9 : Groupe de gènes constituant le cluster « CF AMC » surexprimés dans les AMC *VI*. Gènes ayant un coefficient de corrélation de 0.9. Les gènes surlignés en gris sont communs avec le cluster CF SNC ; ceux en caractère gras contiennent le motif putatif de fixation pour Pros.

N°Flybase	Symbole	nom gène
FBGN0026781	*Prosα6*	*Proteasome α6 subunit*
FBGN0023175	*Prosα7*	*Proteasome α7 subunit*
FBGN0023174	*Prosβ2*	*Proteasome β2 subunit*
FBGN0002284	*Pros26*	*Proteasome 26kD subunit*
FBGN0016697	*ProsMA5*	*Proteasome α subunit*
FBGN0028690	RPN5	*Rpn5*
FBGN0028692	RPN2	*Rpn2*
FBGN0028695	RPN1	*Rpn1*
FBGN0015282	*Pros26.4*	*Proteasome 26S subunit*

Tableau 10 : Gènes du pic 2 correspondant à l'annotation « proteasome complex » et sous exprimés dans les AMC *VI*.

1.2. Analyse des clusters 2 et 3

Les autres clusters ne correspondent pas à des fonctions connues de *pros*, de plus, les gènes constituant ces clusters ne sont pas corrélés entre eux, indiquant que ce ne sont probablement pas des cibles directes de Pros. Nous avons indiqué les gènes correspondant aux annotations les plus significatives pour chaque cluster. Ainsi, pour le cluster 2, neuf gènes correspondent à l'annotation « protéasome complex » (tableau 10). La majorité code des protéines constituant des sous unités du protéasome, impliqué dans la dégradation des protéines oxydées (Davies, 2001; Reinheckel et al., 1998). Dans les AMC des larves *VI*, ces gènes sont sous-exprimés.

flybase	symbole	nom	Fonction
FBGN0004461	gwl	greatwall	protein amino acid phosphorylation
FBGN0032006	Pvr	PDGF- and VEGF-receptor related	cell projection biogenesis, cell proliferation
FBGN0020278	loco	locomotion defects	glial cell differentiation
FBGN0032180	CG31714		G-protein coupled receptor
FBGN0000258	CkIIα	Casein kinase II α subunit	cell proliferation, frizzled signaling pathway
FBGN0029944	l(1)G0331	lethal (1) G0331	insulin receptor binding
FBGN0036494	Toll-6	Toll-6	signal transduction
FBGN0031408	CG10882		G-protein coupled receptor protein signaling pathway
FBGN0030241	feo	fascetto	mitotic spindle stabilization
FBGN0011754	PhKγ	Phosphorylase kinase γ	glucose catabolism
FBGN0032752	CG10702		
FBGN0019686	lok	loki	signal transduction resulting in induction of apoptosis
FBGN0016126	CaMKI	Calcium/calmodulin-dependent protein kinase I	calcium-mediated signaling, synaptic transmission
FBGN0036260	Rh7	Rhodopsin 7	G-protein coupled receptor protein signaling pathway
FBGN0030890	CG7536		cell surface receptor linked signal transduction
FBGN0037552	CG7800		cell surface receptor linked signal transduction, transmission of nerve impulse
FBGN0022268	KdelR	KDEL receptor	protein transport
FBGN0032677	CG5790		
FBGN0014135	bnl	branchless	branching morphogenesis
FBGN0039590	CG10011		signal transduction
FBGN0032187	CG4839		intracellular signaling cascade, transmission of nerve impulse
FBGN0023081	gek	genghis khan	intracellular signaling cascade
FBGN0020240	Mcr	Macroglobulin complement-related	cell-cell signaling
FBGN0003731	Egfr	Epidermal growth factor receptor	cell fate commitment, G2/M transition of mitotic cell cycle
FBGN0004784	inaC	inactivation no afterpotential C	calcium-mediated signaling
FBGN0041203	LIMK1	LIM-kinase1	regulation of axonogenesis

Tableau 11 : Gènes du pic 3 correspondant à l'annotation « signal transducer activity», surexprimés dans les AMC des larves *VI*.

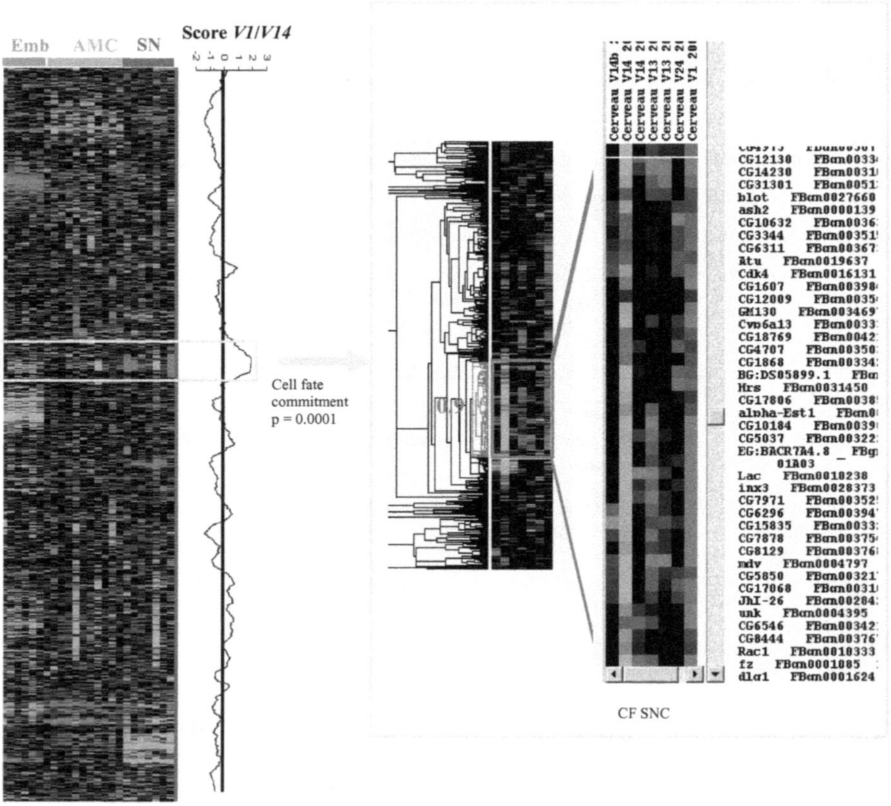

Figure 56 : Gènes exprimés différentiellement dans les SNC larvaires *V1* et formant le cluster « CF SNC ».
(A) Classification hiérarchique sur laquelle a été lissée la courbe des scores *V1* contre *V14*. Les gènes différentiels sont répartis de manière non spécifique le long de l'arbre mais il apparaît très clairement un groupe de gènes surexprimés chez *V1*. Ce groupe de gènes a été annoté « cell fate commitment » par GoMiner avec une probabilité élevée (p= 0.0001). (B) La liste de gènes du cluster et les valeurs associées pour chaque échantillon de type SNC ont été extraites et soumises à un nouveau clustering. Cette étape permet de faire apparaître un groupe de 86 gènes très corrélés notés « CF SNC » (coefficient de corrélation = 0,9 ; encadré rose). Ces gènes sont surexprimés dans tous les cerveaux de type mutant par rapport aux cerveaux de type sauvage. A droite, vue agrandie du cluster CF SNC (Cell fate SNC).

Pour le cluster 3, nous avons trouvé 26 gènes associés à l'ontologie « transducer activity » (tableau 11) et surexprimés dans les AMC V1. Bien que non corrélés, ces gènes pourraient par la suite se révéler intéressants car certains codent des récepteurs couplés à des protéines G. Il est intéressant de noter que les récepteurs gustatifs (Gr) font partie de cette même catégorie de protéines (Clyne et al., 2000; Dunipace et al., 2001).

IV. Confrontation des résultats obtenus sur les AMC avec les données SNC larvaires ou embryons.

Afin de voir si les gènes identifiés dans l'ensemble de ces clusters présentaient un profil d'expression spécifique à l'AMC de *V1*, nous avons effectué des analyses similaires sur les puces hybridées avec les échantillons de type SNC larvaires « puces SNC » et de type embryons « puces embryon » des différents variants $pros^V$, puis comparé ces données avec celles obtenues pour l'AMC.

1. Analyse des données issues des « puces SNC »

Dans le SNC larvaire, les allèles *V13* et *V24* présentent des altérations sévères qui se distinguent nettement de celles observées chez le mutant *V1*. C'est la raison pour laquelle il nous a paru plus raisonnable de rechercher les gènes différentiels en comparant *V1* à *V14* uniquement. Après le lissage de la courbe des scores sur la classification hiérarchique, seul un cluster a pu être mis en évidence. Il a été associé à l'ontologie « cell fate commitment » (fig. 56 A, liste complète dans le classeur 4 en données supplémentaires). Le fait que cette fonction soit représentée dans l'AMC et le SNC, indique bien qu'elle est prédominante pour le gène *pros*.

La liste de gènes associée à ce groupe a été extraite et soumise à un nouveau clustering. L'image TreeView fait apparaître comme précédemment, un groupe de gènes très corrélés (coefficient de corrélation = 0.9, indiqués en rose sur la fig. 56 B) et surexprimés dans le SNC des individus *V1* par rapport aux SNC de type sauvage *V14*. Ce groupe comporte 86 gènes (tableau 12, classeur 4 données supplémentaires) et sera annoté « CF SNC » (cluster « cell fate » SNC). En comparant les gènes des clusters « CF SNC » et « CF AMC » on s'aperçoit que 26 gènes (surlignés en gris dans les tableaux 9 et 12) sont communs aux deux

	symbole	Flybase	fonction		symbole	Flybase	fonction
1	CG3704	FBgn0040346	ATP binding	44	Rac1	FBgn0010333	dendrite morphogenesis
2	Tor	FBgn0021796	positive regulation of cell size	45	fz	FBgn0001085	asymetric protein localization
3	CG4527	FBgn0035001	protein serine/threonine kinase	46	dlg1	FBgn0001624	asymetric protein localization
4	Arp11	FBgn0031050	protein binding	47	l(2)44DEa	FBgn0010609	fatty acid metabolism
5	CG4973	FBgn0038772	protein ubiquitination	48	spin	FBgn0004571	programmed cell death
6	CG12130	FBgn0033466	peptidylglycine monooxygenase	49	grk	FBgn0001137	cell fate specification
7	CG14230	FBgn0031062	nucleic acid binding	50	Klc	FBgn0010235	microtubule motor activity
8	CG31301	FBgn0051301	nucleic acid binding	51	CG5080	FBgn0031313	
9	blot	FBgn0027660	neurotransmitter:sodium symporter	52	CG1515	FBgn0029978	vesicle-mediated transport
10	ash2	FBgn0000139	regulation of transcription	53	pelo	FBgn0011207	cell cycle
11	CG10632	FBgn0036302	protein binding	54	CG8155	FBgn0034009	intracellular protein transport
12	CG3344	FBgn0035154	proteolysis and peptidolysis	55	ftz-f1	FBgn0001078	cell death, transcription cofactor
13	CG6311	FBgn0036735		56	CG31961	FBgn0051961	protein binding
14	Atu	FBgn0019637	biological	57	CG3238	FBgn0031540	
15	Cdk4	FBgn0016131	cell cycle	58	nej	FBgn0015624	synaptogenesis
16	CG1607	FBgn0039844	transport	59	mbo	FBgn0026207	protein-nucleus import
17	CG12009	FBgn0035430	chitin binding	60	CG10681	FBgn0036291	protein binding
18	GM130	FBgn0034697	Golgi organization and biogenesis	61	CG31731	FBgn0028539	transport
19	Cyp6a13	FBgn0033304	oxidoreductase activity	62	Int6	FBgn0025582	translation initiation factor
20	CG18769	FBgn0042185		63	caps	FBgn0023095	axon guidance
21	CG4707	FBgn0035036	transcription regulator activity	64	N	FBgn0004647	neurogenesis, cell differentiation
22	CG1868	FBgn0033427		65	cenB1A	FBgn0039056	regulation of GTPase activity
23	CG4500	FBgn0028519	fatty acid metabolism	66	Tollo	FBgn0029114	transmembrane receptor activity
24	Hrs	FBgn0031450	neurotransmitter secretion	67	lap2	FBgn0015247	anti-apoptosis
25	CG17806	FBgn0038548	protein binding	68	Keren	FBgn0052179	MAPKKK cascade
26	alpha-Est1	FBgn0015568	hydrolase activity	69	Art3	FBgn0038306	protein amino acid methylation
27	CG10184	FBgn0039094	amino acid metabolism	70	hb	FBgn0001180	neuroblast cell fate
28	CG5037	FBgn0032222	integral to membrane	71	Nak	FBgn0015772	asymmetric cell division
29	CG3021	FBgn0040337	tRNA processing	72	Antp	FBgn0000095	transcription factor activity
30	Lac	FBgn0010238	cell adhesion	73	elav	FBgn0000570	translation repressor activity
31	inx3	FBgn0028373	innexin channel activity	74	CG7357	FBgn0038551	nucleic acid binding
32	CG7971	FBgn0035253	RNA splicing	75	mei-S332	FBgn0002715	cell cycle
33	CG6296	FBgn0039470	phospholipase A1 activity	76	psq	FBgn0004399	transcription factor activity
34	CG15835	FBgn0033233	cell communication	77	dyl	FBgn0035530	structural constituant of cuticle
35	CG7878	FBgn0037549	nucleic acid binding	78	FK506-bp1	FBgn0013269	protein folding
36	CG8129	FBgn0037684	protein binding	79	TfIIS	FBgn0010422	transcription factor activity
37	mdy	FBgn0004797	regulation of nurse cell apoptosis	80	CG10671	FBgn0035586	
38	CG5850	FBgn0032172		81	CG3271	FBgn0033088	
39	CG17068	FBgn0031098	protein binding	82	CG4168	FBgn0028888	transmission of nerve impulse
40	Jhl-26	FBgn0028424	molecular	83	CG9972	FBgn0035379	
41	unk	FBgn0004395	larval development	84	Cyp310a1	FBgn0032693	oxidoreductase activity
42	Bap55	FBgn0034216	structural constituant of cytoskeleton	85	CG6388	FBgn0032430	tRNA processing
43	CG8444	FBgn0037671		86	CG31637	FBgn0051637	sulfotransferase activity

Tableau 12 : Liste des gènes formant le cluster « CF SNC »
Ce groupe comprend 86 gènes surexprimés dans les SNC *VI* et présentant une corrélation élevée. Les gènes indiqués en gris sont communs avec le cluster CF AMC et appartiennent donc au cluster « CF *VI* », ceux écrits en caractères gras contiennent le motif putatif de fixation pour Pros.

132

listes et qu'ils ont tous la particularité d'être surexprimés à la fois dans le SNC et l'AMC larvaire. Ces gènes 26 gènes communs seront annotés « CF *V1* ». Les 60 autres gènes du cluster « CF SNC » ont donc un profil d'expression spécifique au SNC. Parmi ceux-ci, beaucoup n'ont pas encore été décrits, mais on peut noter la présence de *cdk4* qui code une kinase cycline dépendante, connue pour contrôler la croissance cellulaire en interaction avec Cyc2 (Datar et al., 2000; Meyer et al., 2000). Il n'est pas surprenant de trouver le gène *cdK4* dans ce cluster lié à la détermination d'un destin cellulaire puisqu'il est connu que la régulation du cycle cellulaire est intimement liée à la différenciation cellulaire (Fichelson et coll., 2005). Les gènes de fonction inconnue pourraient donc être impliqués comme le suggère l'annotation donnée par GoMiner dans la différenciation cellulaire ou bien à l'instar de *cdK4,* dans la régulation de l'activité mitotique. La relation entre Pros et *cdK4* n'a jamais été évoquée à ce jour mais on sait que *pros* régule négativement le cycle cellulaire dans certains lignages cellulaires du SNC embryonnaire ou larvaire (Griffiths and Hidalgo, 2004; Li and Vaessin, 2000), ce qui semble être également le cas pour les gènes de ce groupe. Nous avons noté, à notre grande surprise que dans le SNC, tous les gènes du cluster« CF SNC » sont surexprimés conjointement chez les individus *V1* et *V13* qui pourtant présentent des niveaux opposés d'expression de *pros*.

Comment expliquer que des variations inverses de *pros* puissent avoir des effets similaires sur l'expression des gènes de ce cluster ? Bien que nos données sur le SNC doivent être analysées avec une extrême prudence, une explication peut être tentée. Les résultats obtenus dans la première partie indiquaient que le niveau de Pros devait être précisément régulé au cours du développement. Il est donc possible que l'action de Pros soit dose-dépendante et qu'il existe une gamme de concentration restreinte de Pros à laquelle les gènes cibles pourraient répondre. En deçà ou au-delà de cette gamme, Pros pourrait avoir les mêmes effets. Un tel mode de régulation a déjà été mis en évidence avec le gène *notch* qui semble activer ou réprimer la prolifération cellulaire à des doses respectivement faible ou élevée (Guentchev and McKay, 2006).

A l'exception des 26 gènes du groupe « CF *V1* » aucun autre gène appartenant aux clusters identifiés dans l'AMC ne montre d'expression similaire dans le SNC du mutant *V1*.

2. Analyse des données embryons.

Pour les embryons, la recherche de gènes différentiels a été effectuée en calculant, pour chaque gène, les scores *V1* contre tous les autres allèles. Les valeurs obtenues varient

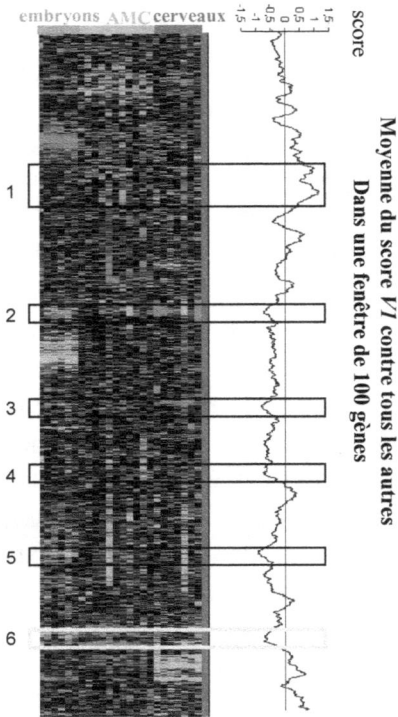

Figure 57 : Gènes différentiels pour les embryons *V1*
Les gènes différentiels pour *V1* se répartissent tout le long de l'arbre ne permettant pas d'identifier des clusters très clairement. 6 pics numérotés de 1 à 6 ont tout de même été relevés, seul le pic de valeurs négatives 6 (encadré jaune) a été retenu pour la suite de l'analyse.

	symbole	Flybase	fonction		symbole	Flybase	fonction
1	CG4963	FBgn0039561	transport	14	CG7834	FBgn0039697	electron transport
2	L(2)K05713	FBgn0022160	glycerol metabolism	15	MRPS22	FBgn0039555	mitochondrial ribosomal subunit
3	MRPL44	FBgn0037330	mitochondrial ribosomal subunit	16	CG7430	FBgn0036762	electron transport
4	OSCP	FBgn0016691	ATP synthesis proton transport	17	SODH-2	FBgn0022359	carbogydrate metabolism
5	MRPL24	FBgn0031651	mitochondrial ribosomal subunit	18	CG5590	FBgn0039537	oxidoreductase activity
6	CG4769	FBgn0035600	electron transport	19	CG3397	FBgn0037975	potassium ion transport
7	ND42	FBgn0019957	electron transport	20	CYP6A17	FBgn0015714	electron transport
8	SCS-FP	FBgn0017539	electron transport	21	DP	FBgn0053196	cell cycle
9	CG10664	FBgn0032833	cytochrome C oxidase activity	22	BT	FBgn0005666	ATP binding
10	CG9140	FBgn0031771	NADH deshydrogenase activity	23	PI3K59F	FBgn0015277	protein targeting
11	CG4389	FBgn0028479	fatty acid oxidation	24	CG4769	FBgn0035600	electron transport
12	CG5703	FBgn0030853	NADH deshydrogenase activity	25	CA-P60A	FBgn0004551	ATP binding
13	CG6543	FBgn0033879	fatty acid oxidation	26	CG8086	FBgn0032010	

Tableau 13 : Liste de gènes appartenant au cluster 6 embryon, sous exprimés chez *V1* et associés à l'annotation « mitochondrie ». Parmi les 196 gènes que comprend le pic 6, 26 sont associés avec une forte probabilité (p<10-5) au terme de mitochondrie.

134

entre -2.61 et 2.64. Comme précédemment, nous avons lissé la courbe de répartition des scores le long de l'arbre du clustering hiérarchique général présenté au début de ce chapitre. La construction de cette courbe permet d'identifier 6 clusters (numéroté de 1 à 6 sur la figure 56). Pour chacun de ces clusters, la liste de gènes correspondante a été extraite et les termes d'ontologies qui lui sont associés ont été recherchés par GoMiner. Seul un cluster (le 6) a été associé à une annotation de manière très significative. Nous avons donc privilégié l'analyse de ce cluster uniquement.

Le cluster 6, comprend 196 gènes sous-exprimés dans les embryons *V1* par rapport aux autres allèles, il a pu être associé aux termes « localisation mitochondriale » et « phosphorylation oxydative » avec une probabilité très élevée ($p<10^{-5}$). Ce résultat indique un enrichissement important en gènes impliqués dans ces deux fonctions. En effet, 26 sont spécifiquement liés à ces ontologies (tableau 13, classeur 5 données supplémentaires). Dans cette liste se trouvent des gènes codant des protéines de la matrice mitochondriale (*ND42*), des protéines impliquées dans la chaîne de transport d'électrons et la synthèse d'ATP (*OSCP, cyp6A*) ainsi que des protéines ribosomales mitochondriales (MRP) (*mRpL24, mRpS22, mRpL44*). La sous-expression de ces gènes dans les embryons *V1* suggère que la diminution du niveau de *pros* induirait, par des voies directes ou indirectes, une répression de leur expression. A ce jour, l'implication de *pros* dans la régulation de l'expression des protéines mitochondriales n'a jamais été démontrée.

La recherche de clusters par le calcul de scores a donné certes des résultats peu contrastés sur les embryons mais cela n'est guère surprenant. En effet *pros* est exprimé uniquement dans le système nerveux, or les ARN ont été extraits à partir d'embryons entiers. Nos données ont ainsi pu être lissées par un facteur de dilution important. Dès lors, les chances de dégager un groupe de gènes variant de manière spécifique étaient beaucoup plus faibles que si on avait pu travailler à partir de régions isolées ou encore mieux, de lignées cellulaires bien identifiées.

V. Validation des résultats

Deux approches ont été utilisées pour valider nos résultats sur puces à ADN. Nous avons tout d'abord recherché la présence de motifs communs dans les régions promotrices des

Figure 58 : Motif nucléotidique putatif reconnu par Pros
Motif obtenu par alignement des régions promotrices des gènes appartenant aux clusters « CF AMC » et /ou « CF SNC ».

gènes constituant les clusters « CF AMC » et « CF SNC », puis nous avons contrôlé le niveau d'expression de quelques uns de ces gènes par PCR en temps réel.

1. Recherche de motifs communs dans le promoteur des gènes des cluster « CF AMC » et « CF SNC »

Pour déterminer si les 29 et 86 gènes présents respectivement dans les clusters « CF AMC » et « CF SNC », possèdent un ou plusieurs motif(s) commun(s) dans leur promoteur, nous avons extrait la région putative cis régulatrice située entre -1700 et +300pb par rapport au site d'initiation de la transcription, pour l'ensemble des 89 gènes (Matériel et méthodes Partie II § VIII). L'analyse a révélé la présence de la séquence palindromique **CAGCTG** (fig. 58) dans 33 gènes (indiqués en caractères gras dans les tableaux 9 et 12). Ce motif correspond à un site consensus de fixation pour les protéines de type hélice boucle hélice (bHLH) (Dang et al., 1992; Murre et al., 1989; Van Doren et al., 1991). Plus précisément, il est reconnu par les protéines bHLH du groupe A, telles que les protéines tissu-spécifiques MyoD, Twist et achate-scute (Hassan and Bellen, 2000; Puri and Sartorelli, 2000). Pros, qui appartient à la famille des protéines de type bHLH divergent, pourrait donc reconnaître un tel motif. Il est intéressant de noter que ce motif est très largement représenté dans les gènes du cluster « CF V1 », comprenant les gènes communs de « CF AMC » et « CF SNC » (18 au total sur les 26 répertoriés, tableau 9 et 12, partie grisée). Ce résultat suggère fortement que ces gènes sont des cibles directes de Pros.

2. Validation des résultats par PCR en temps réel

Le taux d'expression relatif de *V1* par rapport à l'allèle sauvage *V14* a été mesuré par PCR en temps réel, dans l'AMC et dans le cerveau pour 7 gènes sélectionnés dans les clusters « CF AMC » ou « CF SNC ». A l'exception du gène *cdk4*, tous ces gènes (*hb, iap2, nak, nej, notch, caps*) possèdent dans leur séquence, le motif putatif de liaison bHLH.

Les valeurs obtenues pour chacun des 7 gènes, ont été comparées au taux d'expression relatif obtenu par l'analyse sur puces à ADN, et ce, pour chaque tissu (tableau 14). Selon l'analyse pan-génomique, les gènes *caps* et *cdk4* ont été trouvés différentiels chez *V1*, dans le SNC uniquement. Ceci est parfaitement corroboré par l'analyse PCR en temps réel. Pour les gènes *hb, iap2, nak, nej* et *notch*, communs aux clusters AMC et cerveau, les données Q-PCR

gène	Niveau d'expression relatif $V1/V14$			
	AMC		Cerveaux	
	Puces à ADN	Q-PCR	Puces à ADN	Q-PCR
caps	1.38	0.63	**3.8**	**2.38**
Cdk4	0.95	1.3	**4.99**	**2.5**
hb	6.71	0.85	**6.38**	**1.6**
Iap2	**3.69**	**2.16**	**6.48**	**1.9**
nak	1.75	1.36	0.97	**1.95**
nej	**3.26**	**1.63**	**3.79**	**3.75**
notch	**2.9**	**1.76**	**8.96**	**2.52**

Tableau 14 : Validation des résultats de puces à ADN par PCR en temps réel
Pour chaque gène contrôlé en PCR en temps réel, le taux relatif d'expression de *V1* par rapport à *V14* a été calculé d'après les données de puces et les données de Q-PCR. Les valeurs en gris indiquent que les gènes n'ont pas été trouvés différentiels par la méthode des puces à ADN.

montrent également que ces gènes sont surexprimés dans les deux tissus à l'exception du gène *hb* (tableau 14). D'après les données de puces à ADN, le gène *nak* a un niveau d'expression proche de 1 dans le cerveau. Cependant ce gène est bien discriminé avec le cluster de gènes surexprimés dans les AMC et cerveaux *V1*. De plus la quantification par PCR en temps réel confirme que ce gène est surexprimé dans les AMC et cerveaux larvaires chez *V1* puisqu'on obtient des valeurs proches de 2 (tableau 14). On peut remarquer que la magnitude des taux d'expression relatifs varie entre les données de puces ou de Q-PCR, ceci est dû à la différence des méthodes d'analyse utilisées.

DISCUSSION

Dans l'AMC, Pros régule l'expression de gènes neuronaux.

Notre analyse a montré que la réduction de l'expression de *pros* dans l'AMC était liée à la dérégulation d'un certain nombre de gènes dans l'AMC larvaire. Beaucoup d'entre eux sont fortement associés à des fonctions neuronales.

Nous avons mis en évidence un premier groupe de 29 gènes (annoté « CF AMC »), tous sur-exprimés dans l'AMC des mutants *V1*. Le rôle de certains de ces gènes dans la spécification ou l'identité des cellules issues du lignage SOP a déjà été établi. Dans ce groupe figurent aussi les gènes *nejire* (*nej*) et *Rac1* impliqués respectivement dans l'activité synaptique et la croissance des neurites (Kaufmann et al., 1998; Matsuura et al., 2004). Est présent également le gène *notch,* connu pour être impliqué dans le choix binaire entre PIIa ou PIIb dans les organes sensoriels (Artavanis-Tsakonas et al., 1999; Hartenstein and Posakony, 1990) mais également dans le guidage axonal dans le SNC et le SNP (Giniger, 1998; Giniger et al., 1993). De plus, nous avons noté la présence du gène *nak,* dont la protéine codée réprime l'expression de *numb* (Chien et al., 1998), or Numb s'oppose à l'action de Notch par interaction de type protéine-protéine (Guo et al., 1996). Compte tenu du fait que *nak* et *notch* apparaissent également très corrélés dans le cluster de gènes identifié d'après les données du SNC (CF SNC), il existe de fortes présomptions pour qu'ils soient des cibles directes de Pros. Cette hypothèse est confortée par la présence d'un motif de fixation putatif pour les protéines de type bHLH dans la séquence promotrice de ces deux gènes. Une étude récente indique que Pros régulerait positivement l'expression de *notch* dans les cellules gliales longitudinales (LG) du SNC embryonnaire (Griffiths and Hidalgo, 2004). Nos résultats suggèrent plutôt un rôle inhibiteur de Pros dans l'AMC, cependant, comme le montre notre étude (voir Partie I), *pros* pourrait jouer un rôle divergent chez la larve. Du fait de la corrélation très élevée retrouvée entre les gènes de ce cluster, de leurs fonctions référencées par Flybase, et de la répartition de la protéine Pros dans l'AMC (voir Partie I), nous pensons que leur expression est altérée dans un même type cellulaire et plus précisément, dans des cellules neuronales.

Nous avions observé une altération des projections neuronales reliant l'AMC au SNC embryonnaire chez les mutants *V1*, mais pas de modification du nombre final de neurones. En conséquence, il est probable que la sous-expression de Pros, sans modifier le processus de différenciation de ces neurones, altère certaines de leurs fonctions.

Un autre cluster de 26 gènes surexprimés dans les AMC *V1*, et dont l'annotation principale est la transduction d'un signal cellulaire (tableau 11), s'est dégagé de l'analyse des échantillons AMC. Leur présence dans ce cluster indique qu'ils doivent être régulés par des voies différentes de celles régulant l'expression des gènes du cluster « CF-AMC ». Si d'une manière générale, la plupart des gènes constituant ce groupe code des protéines associées à la transduction d'un signal, d'autres sont impliqués dans la transmission synaptique et la croissance axonale. Ainsi, ces données viennent encore renforcer notre hypothèse d'une altération des fonctions neuronales. Selon les prédictions de la base de donnée « flybase », un certain nombre de gènes dont le rôle n'a pas été identifié, code pour des récepteurs couplés à des protéines G. Nous savons que la plupart des récepteurs gustatifs (Gr) font partie de cette catégorie (Clyne et al., 1999; Scott et al., 2001). Il ne serait pas improbable que de tels gènes soient exprimés dans les AMC larvaires puisque sept Gr ont déjà été identifiés dans cette région (Scott et al., 2001). En l'absence d'analyses complémentaires nous ne pouvons établir de relation entre ce cluster et la gustation. Cependant, il est important de signaler que les gènes codant pour des récepteurs gustatifs connus ne sont pas présents sur notre puce à ADN, dès lors, nous ne pouvons déterminer si Pros régule leur expression.

Dans l'AMC, Pros est associé à la voie ubiquitine-protéasome.

Un autre résultat intéressant qui ressort de l'analyse des AMC, est la sous-expression de plusieurs gènes codant des sous-unités du protéasome (tableau 10). Chez les eucaryotes, la voie ubiquitine-protéasome constitue le principal mécanisme de dégradation des protéines (Glickman and Ciechanover, 2002). Au cours de ce processus, les protéines sont adressées pour la destruction, par la liaison d'une chaîne ubiquitine et deviennent alors des substrats du Protéasome 26S. En contrôlant le niveau de protéines régulatrices dans la cellule, la voie ubiquitine-protéasome joue un rôle majeur dans plusieurs processus biologiques tels que la progression du cycle cellulaire, la signalisation et l'apoptose (Friedman and Xue, 2004; Ye and Fortini, 2000).

Dans l'AMC, 9 gènes codant des sous unités du protéasome sont sous-exprimés chez le mutant *V1*. Parmi ces 9 gènes, *pros26.4* code pour la sous-unité Pros26.4, dont la sous-expression est connue pour affecter la croissance cellulaire et augmenter le nombre de cellules apoptotiques chez la drosophile (Wojcik and DeMartino, 2002). Ainsi, l'altération de l'expression de ce groupe de gènes pourrait être reliée à l'importante activité apoptotique observée dans l'AMC des larves *V1*. Nous disposons de peu d'éléments sur le mode de régulation des gènes codant ces protéines, cependant, une étude pan-génomique a montré que certaines sous unités sont surreprésentées dans les muscles âgés chez la drosophile, et que leur expression augmente en fonction de l'âge des individus (Girardot et al., 2006). Toujours selon ces auteurs, l'expression des gènes codant les sous unités du protéasome serait liée au cycle de vie de la cellule. Si nous avons trouvé une claire association entre Pros et l'activité protéasomique, nous ne pouvons déterminer s'il s'agit là d'un effet direct ou indirect. Cependant, compte tenu du rôle de Pros dans le contrôle du cycle cellulaire et du fait qu'aucune corrélation n'ait été trouvée entre ces gènes, il est probable que cet effet soit indirect.

Pros régule t-il de manière tissu-spécifique l'ensemble de ces gènes?

De manière intéressante, seuls les gènes du groupe annoté « CF AMC » présentent une expression similaire dans les SNC larvaires *V1*. Cela indique que dans le SN larvaire, Pros joue un rôle prépondérant dans la spécification du destin cellulaire. Ainsi, sur les 29 gènes de ce cluster, 26 sont également surexprimés dans les SNC larvaires des individus *V1*. Le fait que les mêmes gènes aient été tirés de deux analyses distinctes, renforce l'hypothèse selon laquelle leur expression serait modulée par un facteur commun. De plus, la plupart de ces 26 gènes (communs à l'AMC et au SNC) contiennent un motif commun de liaison aux protéines de type bHLH, telle que Pros par exemple. L'ensemble de ces données indique bien que Pros est impliqué de façon majeure dans cette voie de régulation. Les autres clusters (impliqués dans la transduction d'un signal et dans la structure du protéasome) ont un profil d'expression spécifiquement altéré dans l'AMC de *VI*, et pourraient donc constituer une signature spécifique de l'altération de l'expression de *pros* dans l'AMC.

Pros est associé de façon majeure au contrôle du cycle cellulaire chez l'embryon.

Bien que nous ayons fait le choix de n'interpréter que les résultats obtenus sur l'AMC, il nous semble important de discuter de la signification du cluster issu de l'analyse des embryons et associé avec une forte probabilité (inférieure à 10^{-5}), à l'activité mitochondriale. Ce cluster contient des gènes sous-exprimés dans les embryons *VI* (tableau 13). Il comprend entre autres, les gènes *mRpL24, mRpL44 et mRpS22* qui codent des protéines mitochondriales ribosomales (mRps). Peu de mRps ont été caractérisées chez la drosophile et aucune étude exhaustive n'a été faite à ce jour. Cependant, on sait que l'expression de certaines *mRps* serait liée à la croissance et au cycle cellulaire. Ainsi, la protéine mRpL12 serait requise dans la voie de croissance cellulaire modulée par le complexe CycD/Cdk4 (Frei et al., 2005). Par ailleurs, mRpL55 jouerait un rôle dans la progression de la transition G2/M du cycle cellulaire et serait une cible directe du facteur de transcription E2F/RB (Dimova et al., 2003; Tselykh et al., 2005), lui même impliqué dans le contrôle du cycle cellulaire (Dyson, 1998; Frei et al., 2005; Trimarchi and Lees, 2002). On note aussi dans ce cluster, la présence du gène *dp* dont la protéine peut interagir avec E2F pour former un hétérodimère Dp/E2F. Cet hétérodimère est requis pour la progression du cycle cellulaire (Dynlacht et al., 1994; Royzman et al., 1997).

L'ensemble de ces données suggère que la régulation des gènes *mRps* est intimement liée au cycle cellulaire, l'altération de leur expression pourrait donc être un effet indirect de la variation de *pros*. En effet, *pros* contrôle l'expression des gènes *cycA, cycE* et *string* dans le SNC embryonnaire (Li and Vaessin, 2000). Or la CycE aurait justement un rôle activateur sur E2F et *dp* (Duronio et al., 1996). Compte tenu du rôle important de l'activité mitochondriale dans la prolifération et l'apoptose (Kroemer and Reed, 2000), la sous expression des gènes de ce groupe pourrait expliquer en partie la prolifération réduite et l'activité apoptotique détectées dans les embryons *V1*.

Le rôle de Pros dans l'AMC

Notre étude a permis de faire avancer la compréhension du rôle de Pros dans l'AMC. Ainsi, nous avons pu établir que Pros contrôle l'expression d'un certain nombre de gènes exprimés dans les cellules neuronales de l'AMC. Parmi ceux-ci figurent entre autres, des gènes induisant la détermination du destin cellulaire, la transmission synaptique et la croissance axonale. Si ces fonctions ont déjà été associées à l'expression de *pros*, les gènes régulés par Pros et impliqués dans ces fonctions n'ont, pour la plupart, jamais été identifiés. Cette étude est donc un pas de plus dans l'élucidation des voies de régulation de ces fonctions. Nous avons montré que dans l'AMC, Pros est spécifiquement impliqué dans la régulation des protéines constituant le protéasome et certains récepteurs liés aux protéines G. La raison de cette spécificité nous échappe encore et l'étude des signatures tissulaires associées à l'AMC pourra peut-être nous éclairer.

Aucune de nos données ne suggère actuellement de rôle direct de Pros dans la gustation. Cependant, compte tenu du rôle de Pros dans la neurogenèse et le contrôle qu'il exerce sur des gènes associés à la transduction du signal, on peut penser que la réception ou bien la transmission d'un stimuli aient pu être altérés dans certains neurones gustatifs chez le mutant *V1*. D'une manière générale, relier des défauts phénotypiques à l'expression d'un ou plusieurs gènes est un exercice difficile et parfois périlleux.

Jusqu'à présent, peu de cibles directes de Pros ont été clairement identifiées. Dans l'état actuel de nos connaissances, aucun article ne fait référence au rôle régulateur de Pros sur les gènes que nous avons isolé, à l'exception de notch (Griffiths et Hidalgo, 2004). Cependant, nous avons pu isoler un certain nombre de gènes dont la fonction biologique est cohérente avec les fonctions connues de pros. De plus, nous avons identifié dans ces gènes un motif de fixation aux protéines de type bHLH et qui pourrait donc être un site putatif de fixation de Pros. Même, si maintenant des expériences complémentaires sont nécessaires pour confirmer cette hypothèse, de nouveaux champs d'investigations sont ouverts.

Partie III : Identification des séquences cis-régulatrices dans le promoteur du gène *prospero*

Lignées		Expression de *lacZ*					
		Embryon			**LIII**		
		SNC	AMC	Reste du SNP	SNC	AMC	Reste du SNP
0.7-*lacZ*		+	+	+	++	++	+
6.8-*lacZ*		++	+	+	-	++	+
9.1-*lacZ*		++	+	+	-	+	+
10.2-*lacZ*		++	+	+	-	+	+
12.2-*lacZ*		++	+	+	-	++	+

Tableau 15 : Tableau récapitulatif des profils d'expression observés pour les lignées *pros-lacZ*, chez l'embryon et la larve.
Pour chaque lignée *pros-lacZ*, la construction est rappelée à gauche. Le tableau rapporte s'il y a eu (+) ou non (-) détection d'un signal dans le SNC, l'AMC ou dans le reste du SNP, chez l'embryon de stade 16 et la larve (LIII).

146

Les résultats obtenus dans la première partie de cette étude suggéraient que l'expression de *pros* pouvait être régulée dans SNC et le SNP (plus précisément dans l'AMC) par des éléments régulateurs distincts. Pour vérifier cette hypothèse et localiser ces séquences, nous avons analysé une partie de la région promotrice du gène *pros*. Au delà de la mise en évidence d'éléments régulateurs, notre objectif était de générer des outils capables d'activer ou réprimer l'expression de marqueurs d'intérêt dans des régions spécifiques du système nerveux et plus spécifiquement dans l'AMC.

Au début de ce travail, la seule information dont nous disposions alors pour la recherche de ces séquences, était qu'une région, localisée entre -8 et -9,1Kb en amont du site d'initiation de la transcription de *pros,* contenait des éléments cis-régulateurs dirigeant son expression dans les cellules photoréceptrices R7 de l'œil chez *Drosophila* (Xu et al., 2000). Nous avons donc, dans un premier temps, testé certaines lignées transgéniques décrites dans la précédente étude (gracieusement fournies par R. W. Carthew). L'une d'elle indiquait qu'une large région, située entre -6.8 et -12.2Kb, contenait des séquences pouvant diriger l'expression de *pros* dans des parties distinctes du système nerveux. Par la suite, nous avons poursuivit notre analyse par la construction de nouvelles lignées contenant différentes portions de cette région. Seules quelques lignées transgéniques ont été obtenues et analysées. L'étude que nous présentons est donc partielle mais nous a permis néanmoins de déterminer des éléments importants de la régulation de l'expression de *pros*.

RESULTATS

Avant de commencer la description des profils d'expression obtenus pour les différentes constructions testées, un bref rappel sur le profil d'expression de *pros* est donné. Au stade 16, la protéine est présente dans les cellules précurseurs du SNC (neuroblastes, GMC) ainsi que dans quelques cellules différenciées, notamment dans les cellules gliales longitudinales (LG) situées dans la ligne médiane de la chaîne nerveuse ventrale (CNV). Chez la larve, Pros est détecté dans les cellules post mitotiques des lobes optiques (LO) ainsi que dans la CNV où son expression pourrait s'apparenter à celle décrite chez l'embryon. Dans le système nerveux périphérique (SNP) larvaire, Pros est présent dans certaines cellules

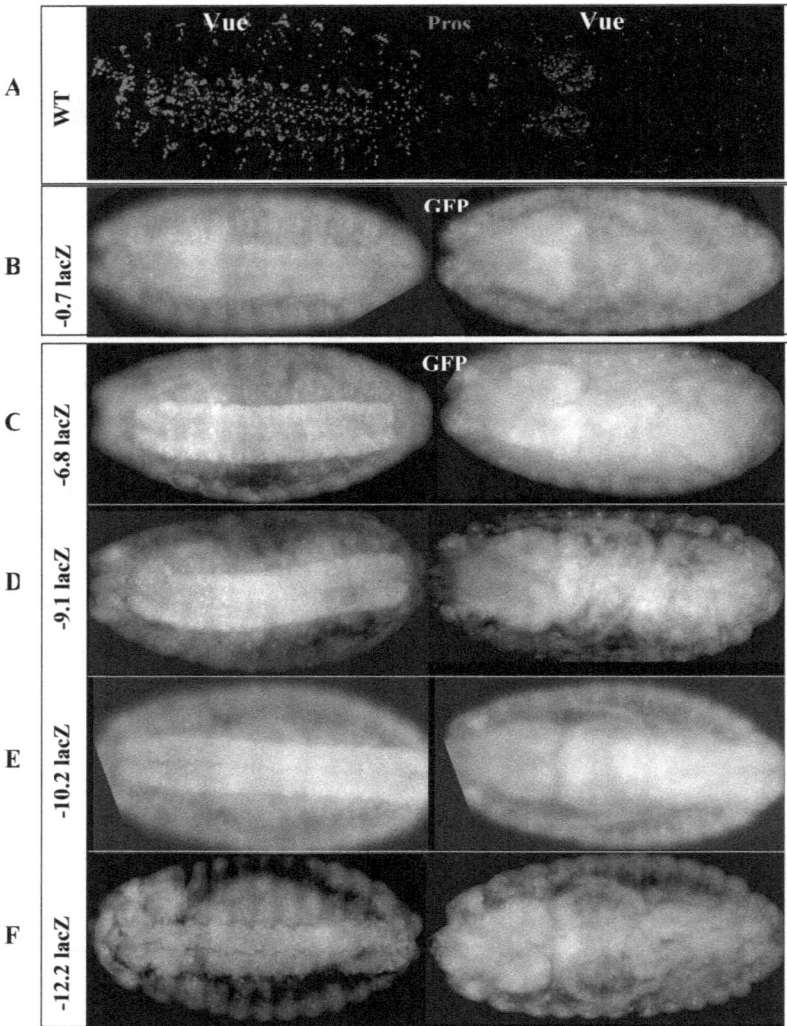

Figure 59: Etude du profil d'expression de *lacZ* chez des embryons *pros-Lacz* de stade 16.
Les embryons sont orientés pôle antérieur vers la gauche. (A) Profil de répartition de la protéine Pros obtenu avec un anticorps anti-Pros sur un embryon de type sauvage. (B-F) Profil d'expression de *lacZ*, détecté chez l'embryon, à l'aide d'un anticorps dirigé contre la β-galactosidase, dans les lignées *pros-lacZ*. La lignée *0.7-lacZ* (B) montre une expression faible dans le SNP et le SNC. Les autres lignées (C-F) présentent toutes un profil d'expression très similaire. Cependant, on note que le signal est plus intense comparé à celui généré par la lignée *0.7-lacZ*.

accessoires des organes sensoriels externes et chordotonaux et principalement dans le complexe antenno-maxillaire (AMC). Chez l'adulte, aucune étude exhaustive n'a été faite sur la répartition de l'expression de *pros*. Néanmoins, l'expression de *Gal4* dans des adultes *V1-Gal4* avait été détectée dans le cerveau (corps pédonculés, *pars cerebralis* et lobes antennaires) ainsi que dans les sensilles chemosensorielles au niveau du proboscis, des pattes, de la marge des ailes et du troisième segment antennaire (voir Introduction § III.1). Dans le cadre de notre étude, nous avons restreint nos observations dans le SNP, à l'AMC chez la larve et aux sensilles gustatives du proboscis, des pattes et des ailes, chez l'adulte.

I. Etude du profil d'expression des lignées transgéniques lacZ

Les transgènes des lignées obtenues auprès de R. Carthew contiennent des portions de taille variable, de la région 5' UTR de *pros,* insérées en amont du gène rapporteur *lacZ*. Les lignées *0.7-lacZ, 6.8-lacZ, 9.1-lacZ, 10.2-lacZ* et *12.2-lacZ*, contiennent respectivement : 0.7 kb, 6.8 kb, 9.1 kb, 10.2 kb et 12.2 kb de la région située en amont du site d'initiation de la transcription (+1) de *pros* (tableau 15). Le profil d'expression *lacZ* pour l'ensemble de ces lignées, a été analysé sur des embryons de stade 16 et des larves de stade III, à l'aide d'un anticorps dirigé contre la β-galactosidase. Le profil d'expression induit par ces constructions n'a pas été recherché chez l'adulte ; cette série d'observations constituant simplement un travail préliminaire.

1. La séquence de 700 pb en amont du +1 de *pros*, suffit à induire une expression dans le système nerveux.

La séquence de 700 pb située en amont du site d'initiation de la transcription (+1) de *pros* suffit à induire une expression de *LacZ* dans le SNC et dans le SNP chez l'embryon (fig. 59 B) comme chez la larve (fig. 60 B). Chez l'embryon, le signal est assez faible et mal défini. Chez la larve, le signal est plus fort et clair dans le SNC et l'AMC (nous avons également noté une expression dans le reste du SNP). Cette région de 700 pb semble donc contenir le promoteur minimal de *pros* et suffit à reproduire le patron d'expression de *pros* chez la larve et l'embryon.

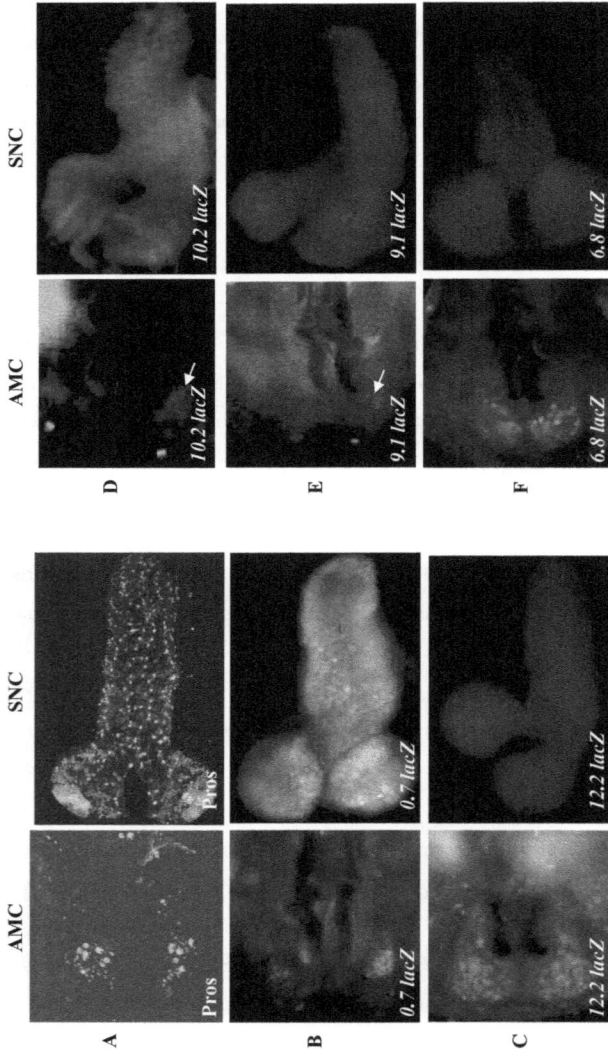

Figure 60 : Profil d'expression de *lacZ* chez les lignées *pros-lacZ* au stade LIII révélé à l'aide d'un anticorps anti-β-galactosidase. Pour chaque lignée, figure l'AMC à gauche en vue ventrale, à droite, le SNC en vue dorsale. La partie antérieure est orientée à gauche sur toutes les photos. (A) Répartition de la protéine Pros révélée par un marquage avec un anticorps anti-Pros chez le sauvage. (B) La lignée *0.7-lacZ* contenant le promoteur minimal de *pros* induit une forte expression dans l'AMC et le SNC, semblable au profil d'expression de Pros. (C) Chez les larves *12.2-lacZ*, le signal est présent dans l'AMC mais disparaît dans le SNC. Chez les individus *10.2-lacZ* (D) et *9.1-lacZ* (E), un signal très faible

150

2. Des séquences *cis*-régulatrices en amont du promoteur minimal modulent l'expression de *pros* de manière spatiale et temporelle.

Chez l'embryon, toutes les autres lignées *pros-lacZ* couvrant la région jusqu'à -12.2 kb reproduisent le même profil d'expression que la lignée *0.7-lacZ* (fig. 59 C-F), mais avec une intensité plus importante.

Au stade larvaire III, aucune de ces lignées *pros-lacZ* n'induit d'expression dans le SNC. Dans le SNP, la lignée *12.2-lacZ* comprenant le fragment entier de 12,2 kb des séquences 5' régulatrices de *pros*, induit une expression importante dans l'AMC uniquement (fig. 60 C). Les lignées *10.2-lacZ* et *9.1-LacZ* génèrent une expression très faible dans quelques cellules de l'AMC (fig. 60 D, E). Enfin avec la lignée *6.8-lacZ*, on observe de nouveau un signal élevé dans l'AMC, très comparable à celui observé dans la lignée *0,7-LacZ* (fig. 60 F). Ces résultats préliminaires nous délivrent plusieurs informations :

- La séquence située entre -12.2 et -6.8 kb semble induire une expression constitutive de *pros* chez l'embryon.

- La région située entre -6.8 et -10.2 kb contient un ou plusieurs éléments capables de réprimer l'expression de *LacZ* dans l'AMC larvaire.

- Cette répression ne peut cependant s'exprimer qu'en l'absence de la région située entre -10.2 et -12.2 kb, suggérant ainsi la présence d'une séquence *cis*-régulatrice capable de lever cette inhibition ou encore d'un élément activateur spécifique de l'AMC, positionné dans cette région.

- Enfin, le fait que le fragment de 12.2 kb ne soit pas suffisant à induire une expression dans le SNC larvaire, suppose l'existence d'un élément répresseur dans la région située entre -0.7 kb et -6.8 kb et que les séquences régulatrices de *pros* s'étendent au delà des 12.2 kb.

Afin de déterminer plus clairement la position et le rôle de ces séquences, nous avons disséqué de façon plus fine la région située entre -6.8 et -12.3 kb.

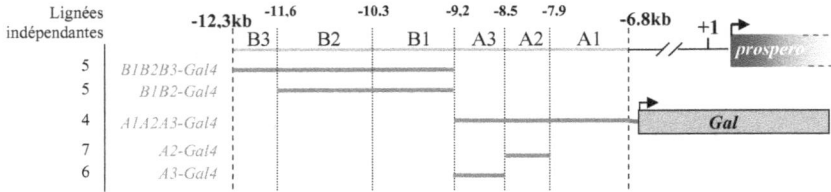

Figure 61 : Constructions des gènes de fusion *pros-Gal4* et lignées transgéniques obtenues.
La ligne du haut représente le locus *pros*. Les valeurs numériques indiquent les distances en kb à partir du site d'initiation de la transcription de *pros* (+1). La séquence étudiée (en orange) s'étend de -6.8 à -12.2 kb, elle a été divisée en 2 régions A et B, elles-mêmes subdivisées en 3 fragments : A1, A2, A3 et B1, B2, B3. Les barres horizontales représentent les constructions pour lesquelles des lignées transgéniques ont été obtenues. Chaque fragment a été fusionné à un gène rapporteur *Gal4* (en vert). Leur nom et le nombre de lignées indépendantes obtenues sont indiqués à gauche.

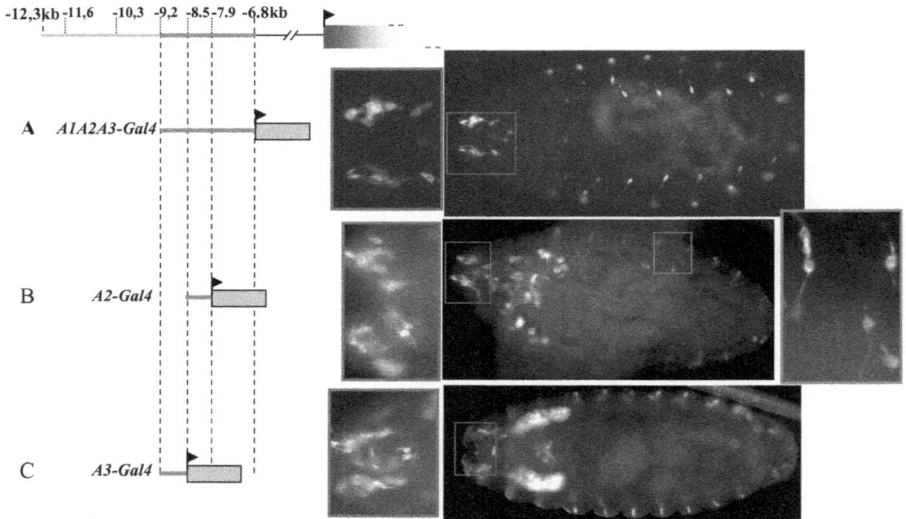

Figure 62 : Profil d'expression de Gal4 chez les embryon A1A2A3-, A2- et A3-Gal4. Le profil d'expression de Gal4 a été révélé de manière indirecte avec un anticorps anti-GFP au stade 16 (vue dorsale, la partie antérieure est à gauche). La région 5' de pros et la structure de chaque transgène sont rappelées à gauche. (A) A1A2A3, induit une expression dans le SNP uniquement au niveau de l'AMC (cadre bleu) et des organes sensoriels périphériques. Les fragments A2 (B) et A3 (C) induisent une expression très similaire à A1A2A3, cependant, le signal détecté dans l'AMC est plus fort.

152

II. Dissection de la région 5' de *pros* comprise entre -6.8 et -12.3 kb

1. Stratégie de clonage et lignées *pros-Gal4* obtenues

La région s'étendant de -6.8 à -12.3 kb a été divisée en 2 parties adjacentes A et B: **A** couvre la région allant de **-6.8 à -9.2 kb, B** s'étend de **-9.2 à -12.3 kb** (fig. 61). A et B ont ensuite été subdivisées en portions équivalentes A1, A2, A3 ou B1, B2, B3 qui se suivent dans cet ordre, de −6,8 kb vers −12,3 kb. Chaque sous-région a été clonée séparément ou en combinaison avec celle(s) qui lui est (sont) adjacente(s) (fig. 61). Ces fragments ont été introduits dans un vecteur *pPTGal* contenant un promoteur minimal fusionné au gène *Gal4* (Sharma et al., 2002) (fig. 13 partie Matériel et méthodes). *Gal4* offre un intérêt particulier par rapport à *lacZ* puisqu'il permet de diriger spécifiquement l'expression d'un gène sous le contrôle du promoteur *UAS* (fig. 39 Introduction) (Brand et al., 1993). En outre, ces constructions pourront par la suite devenir des outils pour effectuer des sauvetages phénotypiques dans une région donnée en rétablissant l'expression de *pros*.

12 gènes de fusion ont ainsi été réalisés (*A1-, A2-, A3, A1A2-, A2A3-, A1A2A3-Gal4* et *B1-, B2-, B3-, B1B2-, B2B3-, B1B2B3-Gal4)*. Seules cinq constructions ont pour l'instant généré des lignées transgéniques avec succès (fig. 61) : *A1A2A3-Gal4* (-6.8 à -9.2 kb) *; A2-Gal4* (-7.9 à -8.5 kb)*; A3-Gal4* (-8.5 à -9.2 kb); *B1B2B3-Gal4* (-9.2 à -12.2 kb) et *B1B2-Gal4* (-9.2 à -11.6 kb). Pour s'affranchir des effets de position couramment rencontrés dans les expériences de transgenèse, nous avons testé au moins 2 à 3 lignées transgéniques indépendantes pour chaque construction. L'expression de *Gal4* a été révélée de manière indirecte par croisement des lignées transgéniques à une lignée *UAS-GFP* (Matériel et méthodes Partie III § II.5.2), l'expression de *GFP* a été recherchée dans la descendance au stade embryonnaire, larvaire et adulte dans les régions impliquées dans la gustation (AMC embryonnaire et larvaire, proboscis et neurones gustatifs des pattes et des ailes chez l'adulte) et dans le SNC.

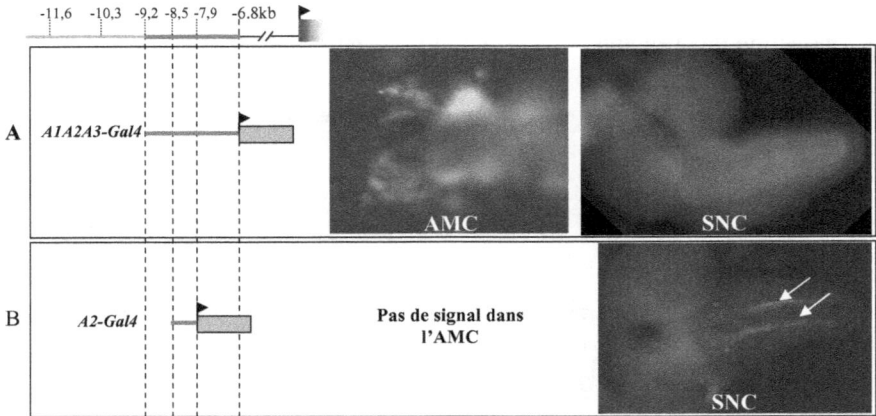

Figure 63 : Profil d'expression de *Gal4* chez les larves *A1A2A3-*, *A2-* et *A3-Gal4*. L'expression de *Gal4* a été révélée de manière indirecte à l'aide d'un anticorps anti-GFP dans les lignées *A1A2A3-*, *A2-* et *A3-Gal4 ; UAS CD8 GFP* au stade LIII. A gauche sont rappelées la région 5' de *pros* et la structure de chaque transgène. (A) A1A2A3 dirige une expression dans la région de l'AMC (antérieur vers la gauche), un signal faible non spécifique est détecté dans le SNC. (B) A2 n'induit pas d'expression dans l'AMC mais on détecte, comme pour A1A2A3, un signal dans les connectifs longitudinaux de la CNV (flèches). Aucun signal n'a été observé avec A3.

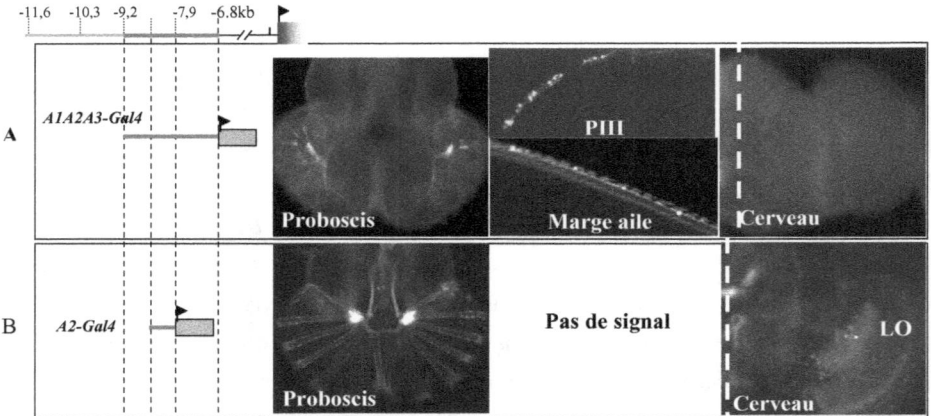

Figure 64 : Profil d'expression de *Gal4* chez des adultes *A1A2A3-*, *A2-* et *A-Gal4*. L'expression de la GFP a été observée de manière directe chez des adultes dans les lignées *A1A2A3-*, *A2-* et *A3-Gal4 ; UAS CD8 GFP*. A gauche sont représentées la région 5' de *pros* et la structure de chaque transgène. (A) A1A2A3 dirige une expression dans toutes les sensilles gustatives adulte (proboscis, pattes et marge de l'aile). Aucune expression n'est détectée dans le SNC (Le trait pointillé indique l'axe de symétrie du SNC). (B) A2 n'induit aucun marquage dans le SNP (présence d'un signal non spécifique dans le proboscis). Un léger signal est généré au niveau des lobes optiques (LO) du SNC. Aucune expression n'a été observée avec la séquence A3.

2. Etude du patron d'expression des lignées transgéniques

2.1. La région « A » (-6.8 à -9.2 Kb) pourrait contenir un ou plusieurs éléments régulant l'expression de *pros* dans le SNP

Chez l'embryon, le fragment « A » complet (A1A2A3 ; -6.8 kb à -9.2 kb) permet de diriger l'expression de *Gal4* dans l'**AMC** et le reste du **SNP uniquement** (fig. 62 A).

Les sous régions A2 (-7,9 à -8,5 kb) et A3 (-8,5 à –9,2 kb) testées séparément sont capables d'induire le même type de signal dans le SNP (fig. 62 B) que le fragment A complet (avec cependant plus de cellules marquées dans l'AMC). Il semblerait donc que ces deux sous régions, soient suffisantes pour induire une expression dans le SNP embryonnaire. Il existe donc au moins deux séquences cis-régulatrices distinctes, l'une dans A2 et l'autre dans A3, dirigeant l'expression de *Gal4* dans le SNP de l'embryon.

Chez la larve, la séquence « A » permet de maintenir l'expression dans l'AMC (fig. 63 A) et le reste du SNP. Le marquage faible détecté au niveau des connectifs longitudinaux de la chaîne nerveuse ventrale du SNC n'est vraisemblablement pas spécifique compte tenu du profil normal d'expression de *pros*. Les sous régions « A2 » et « A3 » ne génèrent par contre aucun signal dans l'AMC.

A l'heure actuelle nous ignorons si la séquence capable de générer une expression dans l'AMC se situe dans la sous-région A1, puisque n'avons pas pu obtenir de lignée transgénique pour cette construction. En effet, nous ne pouvons écarter la possibilité que cette séquence soit également située à cheval sur « A2 » et « A3 ».

Chez l'adulte, « A » dirige également l'expression de *Gal4* dans le SNP gustatif, au niveau des pattes, de la marge des ailes et du proboscis (fig. 64 A). Aucun signal n'a été détecté dans le SNC avec cette construction. La sous région « A2 » (-7,9 à -8,5 kb) induit une expression non spécifique dans le probocis (fig. 64 B). Dans le SNC, un léger signal est visible au niveau des lobes optiques (LO). La sous-région « A3 » testée seule ne génère par contre aucun signal.

Ces résultats supposent l'existence d'un contrôle spécifique pour l'expression de pros dans le système nerveux périphérique. Celui-ci s'effectue durant le développement, via plusieurs séquences cis-régulatrices, parfois redondantes, présentes dans la région qui s'étend de -6.8 à 9.2 kb.

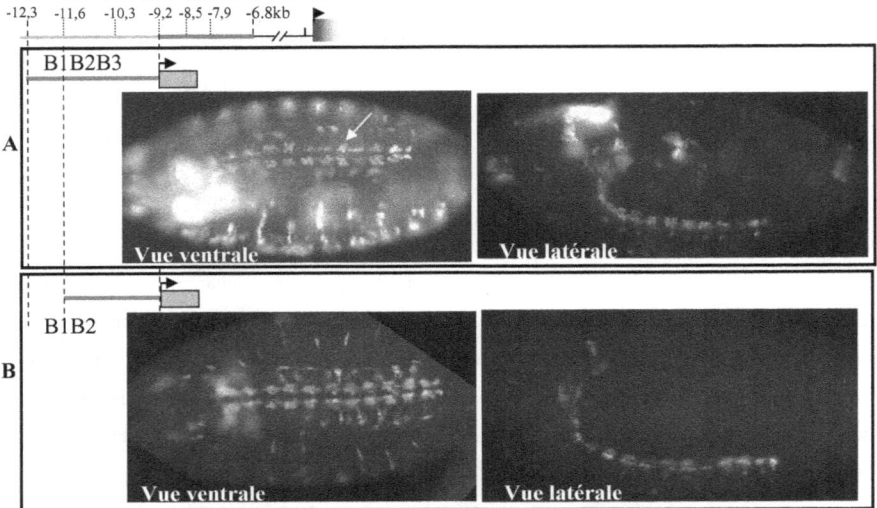

Figure 65 : Profil d'expression de *Gal4* chez des embryons *B1B2B3*- et *B1B2-Gal4* de stade 16.
L'expression de la GFP a été révélée par l'anticorps anti-GFP dans des embryons de stade 16 (pôle antérieur orienté vers la gauche), issus du croisement des lignées *B1B2B3*- et *B1B2-Gal4* par une lignée *UAS-CD8-GFP*. Le schéma du haut représente la région 5' de *pros*. Les constructions B1B2B3 (A) et B1B2 (B) induisent toutes deux une expression dans les cellules gliales longitudinales (LG) de la CNV (flèche) ; B1B2B3 montre en plus une forte expression dans le SNP, dont la région de l'AMC (A).

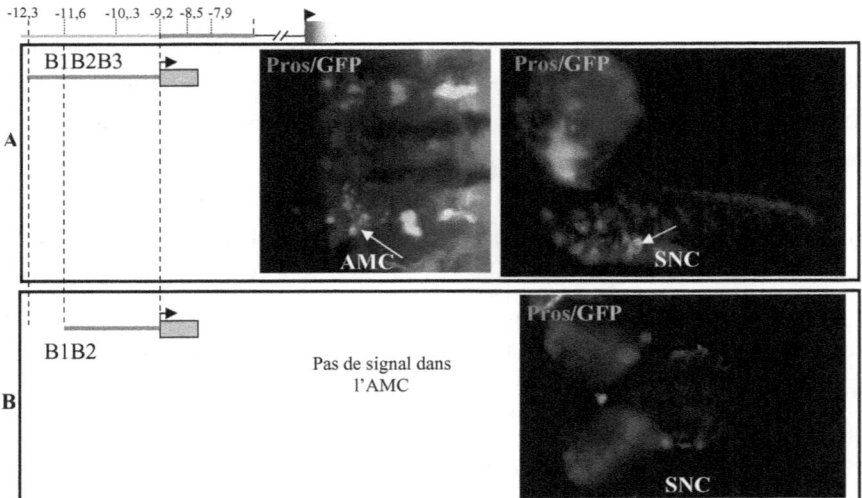

Figure 66 : Profil d'expression larvaire de *Gal4* induit dans les lignées *B1B2B3*- et *B1B2-Gal4*.
L'expression de la GFP a été observée dans les lignées *B1B2B3*- et *B1B2-Gal4 ; UAS CD8 GFP* en réalisant des doubles marquages avec des anticorps dirigés contre Pros (rouge) et GFP (vert). (A) B1B2B3 induit une expression non spécifique dans la région de l'AMC larvaire (flèche), dans le SNC (vue latérale), l'expression est réduite à certaines cellules des lobes optiques (qui ne correspondent pas à des cellules Pros+) et de la région thoracique de la CNV. (B) Aucune expression n'est détectée dans l'AMC larvaire avec B1B2, un signal très similaire à celui induit par B1B2B3 est détecté dans la CNV larvaire.

156

2.2. La région B dirige une expression dans des régions spécifiques du SNC.

De la même manière que précédemment, une analyse de la région B (-9.2 à-12.4 kb et positionnée en amont de A) a été entreprise. Plusieurs constructions contenant des sous régions de B (B1, B2 et B3) ont été réalisées. Cependant, à ce jour, seules des lignées portant les constructions « B1B2B3 » et « B1B2 » ont été obtenues.

Chez l'embryon de stade 16, la région B « B1B2B3 » (-9.2 à -12.3 kb) dirige l'expression de *Gal4* dans le SNC embryonnaire (fig. 65). De manière surprenante, cette expression ne concerne pas tout le SNC mais uniquement des petits groupes de cellules dans la CNV. Ces cellules s'apparentent vraisemblablement aux cellules gliales longitudinales (LG) dans lesquelles *pros* s'exprime de manière durable (Griffiths and Hidalgo, 2004). Un signal fort est aussi induit dans le SNP (fig. 65 A).

Chez la larve de stade III, B induit également une expression restreinte à quelques cellules du SNC : plus particulièrement dans la région thoracique latérale de la CNV et dans les lobes optiques (LO) (fig. 66 A). Dans la CNV, la taille et la position des cellules suggèrent qu'il s'agit de neuroblastes. On note également une faible expression au niveau de l'AMC, cependant, ce signal ne correspond pas au marquage normal obtenu avec un anticorps anti-Pros (fig. 66 A).

Chez l'adulte, B permet une expression dans le SNC au niveau des LO. Dans le SNP, un signal a été détecté au niveau du proboscis uniquement (fig. 67 A).

Lorsqu'on supprime « B3 » (construction « B1B2 », -9,24 à -11,6kb) plus aucune expression n'est observée dans le SNP, à tous les stades de développement étudiés. Dans le SNC embryonnaire, « B1B2 » génère un signal identique à celui obtenu avec « B1B2B3 » (fig. 65 B) tandis que dans le SNC larvaire, il est restreint aux neuroblastes de la région thoracique de la CNV, plus aucune expression n'étant visible dans les LO. Aucune expression ne semble induite au niveau du SNC adulte (fig. 67 B) avec cette lignée.

Nos résultats confirment que l'expression de *pros* doit être régulée de façon distincte dans le SNP et le SNC, et au cours du développement. Cette régulation spatio-temporelle s'exercerait via des séquences cis-régulatrices, parfois redondantes, présentes entre -6.8 et

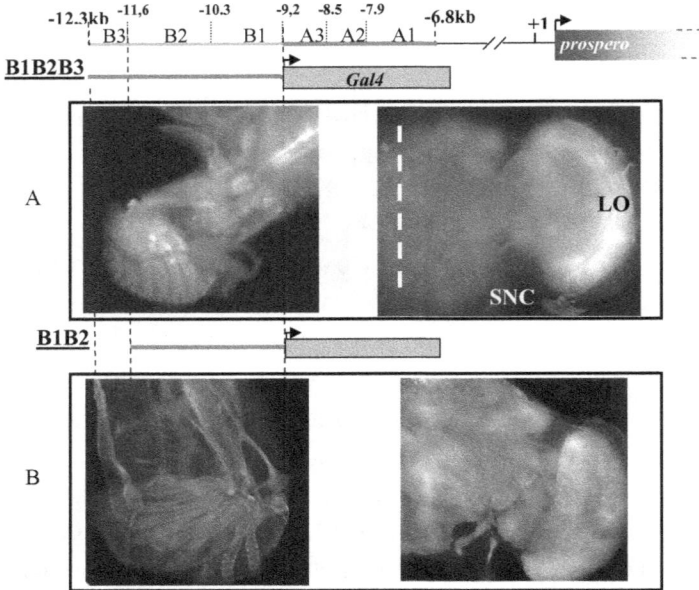

Figure 67 : Profil d'expression de *Gal4* induit chez des adultes *B1B2B3*- et *B1B2-Gal4*. L'expression de la GFP a été observée de manière directe chez des adultes *B1B2B3*- et *B1B2-Gal4* ; *UAS CD8 GFP*. La région du gène *pros* et la structure de chaque transgène sont schématisés. (A) Dans le SNP, B1B2B3 permet d'induire une expression dans le proboscis uniquement. Dans le SNC, le signal est restreint aux lobes optiques (LO). (B) B1B2 n'induit aucune expression dans le SNP adulte ; dans le SNC, on voit un signal diffus qui s'apparente plutôt à du bruit de fond.

-11.8 kb en amont du +1 de *pros*, et qui activeraient ou réprimeraient l'expression de *pros* dans des régions spécifiques du SNP et SNC de *Drosophila*.

DISCUSSION

Dans cette dernière partie, nous nous étions fixés pour but de rechercher les séquences contrôlant la régulation spatio-temporelle de *pros*, mise en évidence dans un précédent chapitre. L'identification de ces séquences régulatrices nous permettant par la suite de générer des outils adéquats à l'étude de certaines régions spécifiques du SN, tel que le complexe antenno-maxillaire impliqué entre autre dans le comportement gustatif larvaire chez *Drosophila*. Les résultats obtenus à partir de la dissection de certaines régions du promoteur de *pros* ont bien confirmé notre hypothèse de départ. Un modèle, bien qu'imparfait, peut à présent être esquissé. Sa validité sera discutée, au regard de ceux déjà proposés pour d'autres gènes pan-neuraux.

Les gènes pan-neuraux sont exprimés dans la plupart (sinon toutes) des cellules précurseurs du système nerveux central et périphérique et/ou dans leurs cellules filles post-mitotiques (neurones, cellules gliales ou accessoires). L'expression de ces gènes doit donc se faire à un moment précis du développement et dans un type cellulaire donné, afin de permettre la mise en place correcte du système nerveux. Ceci implique que leur expression doit être régulée de manière précise. La dissection de la séquence s'étendant de -6.8 kb à -12.3 kb en amont du site d'initiation de la transcription (+1) de *pros*, montre que la régulation de l'expression du gène est effectuée au moyen d'éléments régulateurs spécifiques d'un tissu et d'un stade de développement donné.

L'expression tissulaire et temporelle de *pros* serait régulée par plusieurs séquences activatrices, parfois redondantes.

Le tableau 16 récapitule les profils d'expression observés pour l'ensemble des *lignées pros-lacZ* et *pros-Gal4*. L'utilisation des lignées *pros-Gal4* nous a permis de mettre en évidence des séquences capables d'induire une expression spécifique dans certaines régions

159

-12,32kb -6.8kb
-11,6 -10.3 -9,2 -8.5 -7.9   // prospero

Construction	Embryon SNP	Embryon SNC	LIII AMC	LIII SNC	Adulte Proboscis	Adulte Ailes et pattes	Adulte SNC
12.2-lacZ	+	++	++	-		ND	
10.2-lacZ	+	++	-	-		ND	
9.1-lacZ	+	++	+	-		ND	
6.8-lacZ	+	++	++	-		ND	
0.7-lacZ	+	+	++	++		ND	
B1B2B3-Gal4	+	LG	NS	Nbth/ LO	+	-	LO
B1B2-Gal4	-	LG	-	Nbth	-	-	-
A1A2A3-Gal4	+	-	+	CL	+	+	-
A3-Gal4	+	-	-	-	-	-	-
A2-Gal4	+	-	-	CL	NS	-	(?)

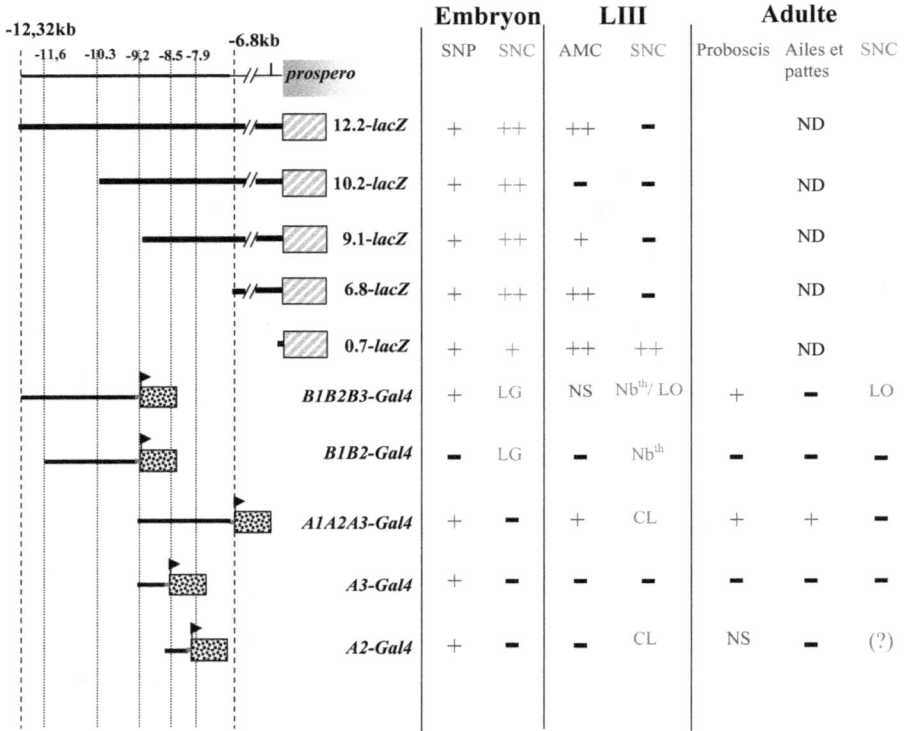

Tableau 16 : Profils d'expression observés pour l'ensemble des constructions *pros-LacZ* et *pros-Gal4*.
Pour chaque stade : embryon (stade 16), larve (LIII) et adulte, l'expression a été observée dans le SNP (en bleu) et le SNC (en rouge). CNV : Chaîne nerveuse ventrale, LG : cellules gliales longitudinales, Nbth : neuroblastes thoraciques, LO : lobes optiques. +/- indique la présence ou l'absence d'un signal. ? : lorsqu'un signal n'est pas clair. NS : signal non spécifique, ND : expression non recherchée.

du SNP ou du SNC. L'analyse des lignées *lacZ* nous a plutôt renseigné sur les interactions entre ces différentes régions. A partir de l'ensemble de ces données, nous avons établit un modèle (fig. 68) qui, bien qu'imparfait, rassemble tous les éléments nécessaires pour induire les profils d'expression observés avec les différentes lignées *pros-lacZ* et *pros-Gal4*.

Tout d'abord, nous avons montré que la région de 700 pb située immédiatement en amont du +1 de *pros*, suffit à induire une expression spécifique dans tout le système nerveux (SN) au cours du développement. Cette région pourrait donc être nécessaire et suffisante pour induire une expression minimale de *pros* ; elle contient probablement un ou plusieurs motif(s) sur le(les)quel(s) se fixent des facteurs de transcription exprimés exclusivement dans le SN.

En plus de cette séquence de 700 pb, la région localisée entre -12.2 et -6.8 kb comprend d'autres éléments plus ou moins redondants capables de diriger une expression tissulaire (et parfois même spécifique d'un type cellulaire donné) mais aussi temporelle. Ces éléments cis régulateurs se trouvent sur une région très étendue puisque nous avons constaté que la construction *12.2-lacZ*, contenant les 12.2 kb en amont du +1 de *pros*, ne suffit pas à rétablir le profil d'expression endogène de *pros* chez la larve de stade III (le stade adulte n'a pas été étudié pour les lignées *lacZ*). Le gène le plus proche dans la région 5' étant situé 22 kb en amont du +1 de *pros* (*KP78a* localisé dans la région 86E2), il n'est pas improbable que d'autres éléments régulateurs, dirigeant notamment une expression dans le SNC larvaire, existent en amont de la région étudiée. Si ces séquences cis-régulatrices n'ont pu être positionnées avec précision, nous avons tout de même établi avec certitude la présence d'éléments régulateurs dans la région 5' de *pros*.

Ainsi, nous avons mis en évidence deux éléments successifs, localisés entre -7.9 et -9.2 kb, qui semblent redondants puisqu'ils induisent tous deux une expression dans le SNP embryonnaire. La région adjacente située en aval (-6.8 kb à -7.9 kb) contiendrait quant à elle des séquences dirigeant une expression dans le SNP post embryonnaire (AMC + organes gustatifs adulte), cependant, nous ne savons pas s'il existe des éléments séparés qui dirigent cette expression de façon distincte au stade larvaire puis adulte. Il semblerait donc que la séquence s'étendant entre -6.8 et -9.2 kb soit impliquée dans la régulation de l'expression de *pros* dans le SNP exclusivement, étant donné qu'aucune expression spécifique n'a été observée dans le SNC.

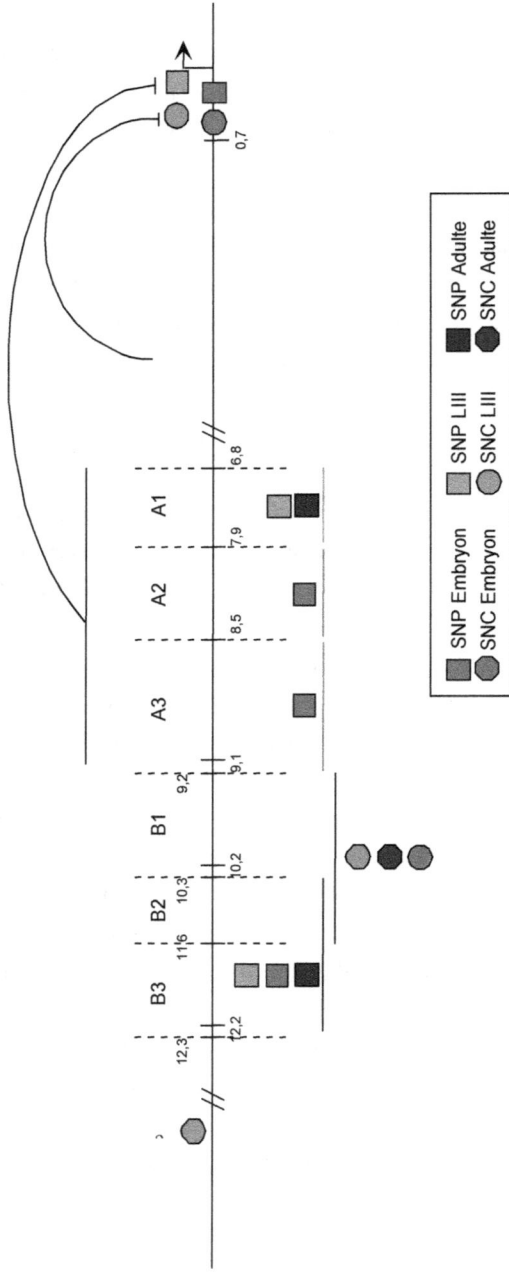

Figure 68 : Modèle proposé pour la régulation de l'expression de *pros*

Représentation schématique des éléments situés entre -6,8 et -12.3 kb et impliqués dans la régulation spatio-temporelle de l'expression de *pros*. La région de 700 pb située immédiatement en amont du site d'initiation de la transcription de *pros* (flèche) contient des éléments suffisants pour induire une expression dans le SNP et le SNC embryonnaire et larvaire. Des éléments activateurs dirigent une expression dans le SNP (carré) ou le SNC (rond) chez l'embryon de stade 16 (rouge), la larve de stade III (vert) ou l'adulte (bleu). La position des ces élément sur la séquence est relative puisqu'elle n'a pas été déterminée avec précision. En plus de ces éléments, il existerait une séquence réprimant l'expression de *pros* dans l'AMC larvaire, située entre -6.8 et -9,2 kb ainsi qu'un répresseur du SNC larvaire (représentés par les arcs de cercles). Nos observations suggèrent également l'existence d'autres éléments régulant l'expression de *pros* dans le SNC larvaire au-delà des 12.3 kb étudiés (indiqué par ?). Le triangle jaune indique le site d'insertion du transposon dans les lignées *pros^v*.

A l'inverse, la région située entre -9.2 kb et -11.6 kb serait plutôt dévolue à la régulation de l'expression de *pros* dans le SNC puisque nous avons vu qu'elle dirige une expression dans le SNC au cours du développement. Cette expression est toutefois incomplète et restreinte à quelques types cellulaires, distincts chez l'embryon et la larve. Ainsi, cette région dirige une expression dans les cellules gliales longitudinales (LG) chez l'embryon tandis que chez la larve, il s'agirait plutôt de neuroblastes. Cela suggère qu'il existe certainement des éléments séparés pour permettre une telle expression temporelle.

Enfin, une dernière région (-11.6 à -12.3 kb) contiendrait à nouveau des éléments cis-régulateurs, spécifiques du SNP. En effet, nous avons observé une expression dans tout le SNP embryonnaire et dans le proboscis adulte uniquement.

L'expression temporelle de *pros* pourrait en plus être contrôlée par des éléments répresseurs.

En plus des éléments cis-régulateurs mentionnés précédemment, l'expression de *pros* serait contrôlée par des répresseurs. En effet, les observations faites sur les constructions *pros-LacZ* indiquent la présence d'un élément situé entre -0.7 kb et -6.8 kb en amont du +1 de la transcription de *pros,* capable de supprimer une expression dans le SNC larvaire. Un autre élément répresseur spécifique de l'AMC larvaire pourrait exister. Effectivement, nous avons identifié une séquence comprise entre 6.8 et -9.1 kb, capable de diriger une expression spécifiquement dans le SNP. Pourtant, lorsqu'elle se trouve en présence des séquences situées en aval (lignées 10.2 et 9.1-lacZ), celle-ci est incapable de diriger une expression correcte dans l'AMC larvaire. Pour expliquer ces divergences nous pouvons envisager que, dans son contexte environnant, cet élément interagit avec d'autres séquences pour réprimer la transcription de *pros* dans l'AMC larvaire.

Les séquences régulatrices de *pros* seraient organisées en éléments SNC et SNP spécifiques, d'une manière similaire à d'autres gènes pan-neuraux.

Une telle organisation modulaire permettant de réguler l'expression d'une manière temporelle et indépendante dans le SNP et le SNC n'est pas improbable puisqu'elle a déjà été

163

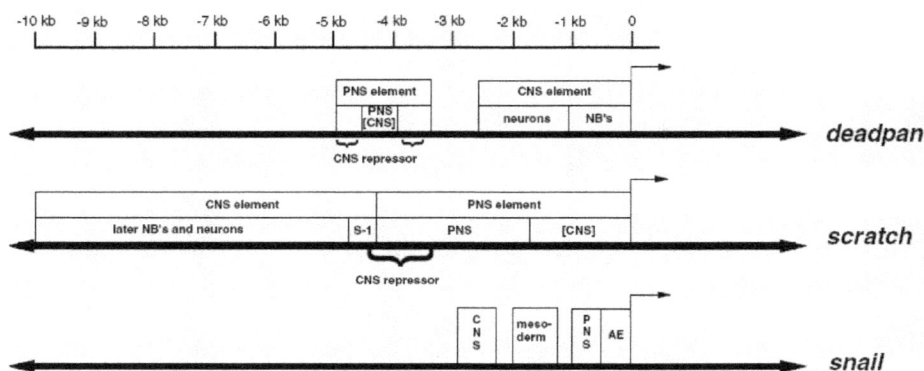

Figure 69 : Régions cis-régulatrices des gènes *deadpan, scratch* et *snail* (Emery et Bier, 1995)
Des éléments indépendants permettent de diriger l'expression des gènes *deadpan, scratch* et *snail* dans le SNC et le SNP. Ces éléments peuvent contenir des sub-élements (S-1, NBs) qui dirigent l'expression dans un type cellulaire donné à des stades précis du développement. Pour les gènes *deadpan* et *scratch*, les éléments SNP-spécifiques contiennent en plus, une région capable de diriger une expression dans le SNC, notée [CNS] mais qui est réprimée par une région « CNS repressor » (indiquée par un crochet) elle-même localisée dans l'élément SNP-spécifique.

observée dans le cas des gènes *snail, deadpan* et *scratch* (Emery and Bier, 1995; Ip et al., 1994). Pour ces gènes pan-neuraux, les séquences cis-régulatrices sont regroupées en un élément spécifique du SNP et un élément spécifique du SNC (fig. 69). Par exemple, lesséquences régulatrices du gène *deapan* s'étendent sur 5 kb et sont constituées d'un élément SNC adjacent au site d'initiation de la transcription, ainsi que d'un élément SNP situé plus en amont. L'organisation modulaire du gène *scratch* ressemble plus à celle de *pros* car les éléments SNC et SNP s'étendent sur une région de 10 kb en amont du site d'initiation de la transcription ; l'élément le plus proximal étant celui dirigeant une expression spécifique dans le SNP. D'autre part, à l'instar de *pros*, les modules SNC et SNP de ces deux gènes contiennent des sous régions spécifiques d'un type cellulaire donné. Par exemple, le gène *scrt* possède des séquences séparées dirigeant son expression dans les neuroblastes précoces et les neuroblastes tardifs (fig. 69) (Emery and Bier, 1995). Pour tous ces gènes pan-neuraux, l'utilisation de différents facteurs de transcription pour certains types cellulaires, permettrait de servir au mieux leur différenciation au cours du temps (Emery and Bier, 1995). La présence d'éléments distincts pour le contrôle de l'expression dans le SNC et le SNP permettrait la régulation des gènes pan-neuraux par des gènes situés en amont dans la chaîne de régulation (notamment les gènes pro-neuraux).

Comparaison avec le modèle connu de la régulation de l'expression de *pros* dans les cellules R7 de l'œil.

Jusqu'alors, seule une équipe de chercheurs s'est intéressée aux mécanismes de régulation de l'expression de *pros* chez la drosophile. Cependant, leur étude a porté uniquement sur les cellules photoréceptrices R7 des disques imaginaux des yeux (Xu et al., 2000). Ainsi, Xu et coll. ont mis en évidence un élément tissu-spécifique, localisé entre -8 et -9,1 kb en amont du site d'initiation de la transcription de *pros*, dirigeant son expression dans les cellules R7 et les cellules coniques (groupe d'équivalence R7) chez la pupe (voir partie Introduction § II.4). L'activité de la séquence cis-régulatrice est contrôlée par la fixation des facteurs de transcription Yan et Pointed (dont la liaison est mutuellement exclusive) et Lozenge (voir fig. 20 Introduction).

Cette région spécifique de la régulation de *pros* dans les cellules R7 est contenue dans la séquence que nous avons identifiée comme étant propre au SNP et semble donc confirmer le fait que les séquences spécifiques du SNP sont regroupées dans une même région. A ce jour, la régulation de *pros* n'a pas été étudiée dans d'autres tissus et nous ne savons donc pas si les mécanismes décrits pour le système visuel par Xu et coll. (2000) peuvent aussi s'appliquer aux éléments que nous avons identifiés. Cependant, il a été montré que *pointed* est exprimé dans les cellules gliales de la ligne médiane du SNC embryonnaire ainsi que dans les cellules gliales longitudinales (Klambt, 1993). Chez des embryons mutants nuls pour le gène *pointed*, les commissures reliant les connectifs longitudinaux au niveau de la CNV sont fusionnés (Klambt, 1993). De plus, des défauts de croissance ont été observés au niveau des connectifs longitudinaux. Ces phénotypes ont justement été observés chez des mutants nuls pour le gène *pros* (cette étude, Doe et coll., 1991). Il est donc probable que Pointed soit impliqué dans la régulation de la transcription de *pros* au moins dans les cellules gliales longitudinales. Cette hypothèse est envisageable étant donné que nous avons identifié un élément dirigeant spécifiquement une expression dans les LG chez l'embryon.

Dans nos lignées *pros*^{V}, le transposon (tout ou partie) est inséré 216 pb en amont du site d'initiation de la transcription. Celui-ci se trouve donc dans la région contenant la séquence suffisante pour induire une expression dans tout le système nerveux au cours du développement (indiqué par un triangle sur la figure 68) De ce fait, le transposon pourrait gêner la mise en place correcte du complexe d'initiation mais aussi empêcher les interactions entre les éléments régulateurs et le promoteur. Ces deux hypothèses sont possibles étant donné que le niveau de transcription global diminue chez *V1* et que chez *V13* (contient une portion réduite du transposon), l'altération du niveau de transcription n'affecte pas toutes les régions du système nerveux.

Les variations tissus spécifiques du niveau de transcrit pourraient simplement être expliquées par le fait que, selon le contexte cellulaire, les éléments régulateurs recrutés seront différents, la présence du transposon gênant plus ou moins le repliement correct de l'ADN. Ceci expliquerait la diversité des phénotypes obtenus chez nos lignées.

La dissection des séquences situées entre -6.8 et -12.3 kb en amont du site d'initiation de la transcription de pros nous a permis de mettre en évidence des éléments cis-régulateurs capables d'induire une expression spécifique dans le SNC ou le SNP. Ces éléments pourraient être activés et réprimés par des facteurs de transcription tissus spécifiques. De la même manière que dans les cellules R7, une combinaison unique de signaux dans un type cellulaire donné pourrait permettre l'activation de certains éléments tissus spécifiques et temporels.

166

Il faudra par la suite affiner le positionnement des différents éléments et réaliser d'autres combinaisons de séquences cis-régulatrices pour mieux comprendre la manière dont elles interagissent.

Nous avons à présent à notre disposition des outils permettant de diriger une expression spécifique dans une région donnée du système nerveux. La séquence A1A2A3 permettra de diriger une expression spécifiquement dans le SNP embryonnaire, larvaire et dans le système gustatif chez l'adulte.

CONCLUSION GENERALE ET
PERSPECTIVES

Quelle relation existe entre la gustation larvaire et le gène *prospero,* connu pour son rôle dans la différenciation et la régulation du cycle cellulaire dans le SN embryonnaire de *Drosophila* ? Telle est la question qui a guidé notre démarche au cours de ce travail de thèse. Pour y répondre nous avons analysé différentes lignées *pros^V* qui présentent une altération de l'expression de *pros* et des défauts plus ou moins importants de la viabilité et/ou de la gustation larvaire.

L'analyse du taux des deux transcrits majeurs de *pros* (*pros-L* et *pros-S*) dans ces lignées, à différents stades de développement, a révélé que, d'une manière générale, *pros^{V1}* est un mutant de sous-expression tandis que *pros^{V13}* sur-exprime *pros*. Nous avons également montré que *pros-L* et *pros-S* sont distinctement requis au cours du développement ainsi que dans différentes régions du SN. Ainsi, chez l'embryon, un niveau minimum de Pros-S serait nécessaire à la mise en place correcte du SNP, tandis que Pros-L aurait un rôle prédominant dans le développement du SNC. Les conséquences de modifications du niveau d'expression de *pros* ont été analysées dans l'organe chimiosensoriel qu'est l'AMC et dans le SNC.

Pros et l'AMC : Une affaire de goût ?

L'étude de la région de l'AMC, à l'aide de différents marqueurs ou de la technique des puces à ADN, a considérablement fait évoluer notre compréhension de la structure de cet organe et de « l'importance » de Pros dans sa fonctionnalité. Nous avons ainsi montré que l'AMC serait mis en place au cours du stade embryonnaire en même temps que le reste des organes du SNP.

La structure de l'AMC larvaire suggère que lignage des sensilles constituant l'AMC soit différent de celui proposé dans le labium adulte. Dans l'AMC larvaire, *pros* est exprimé dans un grand nombre de cellules non neuronales, dont une partie serait des cellules thècogènes, et dans des cellules neuronales (probablement en voie de différenciation). Cependant, le nombre élevé de cellules non-neuronales exprimant *pros* suggère que ce ne sont pas toutes des cellules thècogènes ; leur idendité reste donc à définir. Nous avons noté que la sous-expression de *pros* dans l'AMC larvaire entraîne une élimination par apoptose de ces cellules non neuronales Pros+. D'une façon générale, nous avons remarqué que les modifications du niveau d'expression de *pros* altéraient la fonctionnalité des neurones exprimant Pros (guidage axonal incorrect) et/ou leur rythme de leur différenciation.

171

L'analyse que nous avons menée sur l'AMC par puces à ADN semble confirmer cette hypothèse. En effet plusieurs groupes de gènes impliqués dans la croissance axonale, la transmission synaptique ou la spécification des lignages SOP, apparaissent liés à l'expression de Pros. En particulier, les gènes impliqués dans la détermination du destin des lignages SOP possèdent un motif de fixation aux protéines de type bHLH et pourraient donc constituer des cibles directes de Pros. Ceci suggère fortement que Pros intervient dans la différenciation terminale de ces neurones ainsi que dans la spécification de certaines de leurs fonctions. Nous ignorons à l'heure actuelle si ces neurones sont spécifiques à la gustation, cependant, nous avons noté une dérégulation de plusieurs gènes codant des récepteurs associés à des protéines G (même superfamille que les récepteurs gustatifs). De plus la dissection du promoteur du gène *pros* indique la présence de séquences cis-régulatrices dirigeant son expression dans les neurones gustatifs de l'adulte. Une étude chez les vertébrés a montré que *Prox1* était exprimé dans les bourgeons gustatifs de la souris (Miura et al., 2003) et du poisson cavernicole *Astyonax* (Jeffery et al., 2000). Il semblerait donc que l'expression de *pros* dans les structures dédiées à la gustation, ait été conservée au cours de l'évolution. L'ensemble de ces données renforce l'hypothèse selon laquelle Pros serait requis, sinon directement dans cette fonction, tout au moins dans les mécanismes de détermination et spécification des neurones gustatifs. Il s'agira à l'avenir de vérifier cette hypothèse et de voir si les neurones larvaires dans lesquels Pros s'exprime révèlent aussi la présence de certains récepteurs gustatifs identifiés chez la larve (Scott *et coll.*2001). Dans cette perspective, il serait intéressant d'analyser le groupe de gènes codant pour des protéines G, afin de voir si de nouveaux récepteurs gustatifs peuvent y être identifiés.

Indépendamment du rôle de Pros, notre analyse sur puces à ADN a également ouvert un nouveau champ d'investigation. En effet, nous avons mis en évidence, dans l'AMC larvaire (toutes lignées confondues), une signature génétique très particulière qui la distinguerait du SNC. Cette signature devra être analysée en détail, dans la perspective d'identifier les gènes nécessaires à la mise en place et au fonctionnement de cet organe chimiosensoriel chez la larve, puis de les comparer à ceux exprimés chez l'adulte.

Dans le SNC larvaire, Pros contrôle le cycle cellulaire ...

Dans le SNC embryonnaire et larvaire, la majorité des défauts induits par des variations du niveau d'expression de *pros* semble particulièrement liée au contrôle du cycle cellulaire. Cela suggère que le taux d'expression de *pros* doit être ajusté de façon précise pour moduler correctement le cycle cellulaire. Les résultats obtenus par puces à ADN sur des embryons entiers, semblent le confirmer.

L'étude détaillée effectuée dans le SNC larvaire indique un rôle de Pros similaire à celui observé chez l'embryon (induction de la sortie du cycle cellulaire et différenciation). Ainsi la sur-expression de Pros dans les GC des lobes optiques semble induire une différenciation précoce des ces cellules en neurones, tandis que sa sous-expression entraînerait une élimination des GC par apoptose. Cependant, nous avons pu remarquer que ce rôle pourrait différer en fonction des lignages où *pros* s'exprime. Bien que les données de la littérature indiquent que Pros promeut la sortie du cycle cellulaire dans certains lignages du cerveau larvaire (Bello et al., 2006; Ceron et al., 2001; Ceron et al., 2005), nous avons bel et bien observé une augmentation de la prolifération cellulaire dans le cerveau chez le mutant de surexpression de *pros*. Il se pourrait que l'inhibition du cycle cellulaire, observée dans le SNC embryonnaire de ce mutant, soit compensée au moment de la seconde phase de neurogénèse chez la larve. Cependant nous pourrions aussi envisager que le rôle de Pros sur le contrôle du cycle cellulaire diverge selon le contexte cellulaire et/ou au cours du développement comme cela a déjà été montré chez l'embryon (Griffiths and Hidalgo, 2004; Liu et al., 2002).

...et l'activité apoptotique

Nous avons observé que l'activité apoptotique, est liée de manière récurrente à une réduction du taux d'expression de *pros* dans le SNC comme dans l'AMC. Ces observations suggèrent que Pros pourrait fournir un signal de survie à la cellule et/ou que ce phénomène est un mécanisme secondaire lié à la à une dérégulation du cycle cellulaire. Etant donné que chez *V1*, la présence d'apoptose n'est pas associée à une modification de l'activité mitotique (dans les régions analysées), nous supposons que Pros pourrait jouer un rôle direct dans la régulation des mécanismes apoptotiques. L'analyse par puces à ADN semble confirmer cette hypothèse puisque dans le cluster de gènes issu de l'analyse des SNC larvaires, figurent quelques gènes impliqués dans la mort cellulaire, notamment les gènes *spin* et *ftz-f1*.

173

pros est régulé de manière spatio-temporelle

L'ensemble des données issues de l'analyse des lignées *pros*^{V} a indiqué que l'expression de *pros* devait être régulée de manière spatio-temporelle dans le système nerveux. La dissection des séquences situées entre -6.8 et -12.3 kb en amont du site d'initiation de la transcription de *pros* a, en effet permi de mettre en évidence des éléments cis-régulateurs, capables d'induire une expression spécifique dans les organes gustatifs et dans certaines régions (voire certains lignages du SNC). Plus particulièrement il existe bien des séquences distinctes qui régulent l'expression de *pros* dans les organes gustatifs et le SNC. Ces éléments pourraient être activés et réprimés par des facteurs de transcription tissus spécifiques. Ainsi, comme dans les cellules R7 (Xu et al., 2000), une combinaison unique de signaux dans un type cellulaire donné pourrait permettre l'activation de certains éléments tissus spécifiques et temporels.

Le positionnement exact de ces séquences ainsi que l'identification des trans-facteurs qui s'y lient restent à définir. D'autre part, les lignées transgéniques *pros-Gal4,* créées au sein de notre laboratoire, serviront d'outils pour mieux cerner les mécanismes de la perception sensorielle du modèle *Drosophila*.

REFERENCES BIBLIOGRAPHIQUES

Aigouy, B. Etude de la prolifération et de la migration des cellules gliales dans le système nerveux périphérique de *Drosophila melanogaster*. Thèse de doctorat, 2006, Strasbourg, France.

Akiyama, Y., Hosoya, T., Poole, A. M. and Hotta, Y. (1996). The gcm-motif: a novel DNA-binding motif conserved in Drosophila and mammals. *Proc Natl Acad Sci U S A.* **93**, 14912-6.

Akiyama-Oda, Y., Hosoya, T. and Hotta, Y. (1999). Asymmetric cell division of thoracic neuroblast 6-4 to bifurcate glial and neuronal lineage in Drosophila. *Development* **126**, 1967-74.

Akiyama-Oda, Y., Hotta, Y., Tsukita, S. and Oda, H. (2000). Distinct mechanisms triggering glial differentiation in *Drosophila* thoracic and abdominal neuroblasts 6-4. *Dev Biol* **222**, 429-39.

Alt, J. R., Cleveland, J. L., Hannink, M. and Diehl, J. A. (2000). Phosphorylation-dependent regulation of cyclin D1 nuclear export and cyclin D1-dependent cellular transformation. *Genes & Development* **14**, 3102-14.

Artavanis-Tsakonas, S., Matsuno, K. and Fortini, M. E. (1995). Notch signaling. *Science* **268**, 225-32.

Artavanis-Tsakonas, S., Rand, M. D. and Lake, R. J. (1999). Notch signaling: cell fate control and signal integration in development. *Science* **284**, 770-776.

Balakireva, M., Gendre, N., Stocker, R. F. and Ferveur, J. F. (2000). The genetic variant *Voila* causes gustatory defects during *Drosophila* development. *J Neurosci.* **20**, 3425-33.

Balakireva, M., Stocker, R. F., Gendre, N. and Ferveur, J. F. (1998). *Voila*, a new *Drosophila* courtship variant that affects the nervous system: behavioral, neural, and genetic characterization. *J Neurosci.* **18**, 4335-43.

Bello, B., Reichert, H. and Hirth, F. (2006). The *brain tumor* gene negatively regulates neural progenitor cell proliferation in the larval central brain of *Drosophila*. *Development* **133**, 2639-48.

Bertucci, F., Bernard, K., Loriod, B., Chang, Y. C., Granjeaud, S., Birnbaum, D., Nguyen, C., Peck, K. and Jordan, B. R. (1999). Sensitivity issues in DNA array-based expression measurements and performance of nylon microarrays for small samples. *Hum Mol Genet.* **8**, 1715-22.

Bi, X., Kajava, A. V., Jones, T., Demidenko, Z. N. and Mortin, M. A. (2003). The carboxy terminus of Prospero regulates its subcellular localization. *Mol Cell Biol.* **23**, 1014-24.

Bodmer, R., Barbel, S., Sheperd, S., Jack, J. W., Jan, L. Y. and Jan, Y. N. (1987). Transformation of sensory organs by mutations of the cut locus of *D. melanogaster*. *Cell.* **51**, 293-307.

Bodmer, R., Carretto, R. and Jan, Y. N. (1989). Neurogenesis of the peripheral nervous system in *Drosophila* embryos: DNA replication patterns and cell lineages. *Neuron* **3**, 21-32.

Bodmer, R. and Jan, Y. N. (1987). Morphological differentiation of the embryonic peripheral neurons in *Drosophila*. *Roux's Arch. Dev. Biol.* **196**, 69-77.

Bossing, T. and Technau, G. M. (1994). The fate of the CNS midline progenitors in *Drosophila* as revealed by a new method for single cell labelling. *Development* **120**, 1895-906.

Bossing, T., Udolph, G., Doe, C. Q. and Technau, G. M. (1996). The embryonic central nervous system lineages of Drosophila melanogaster. I. Neuroblast lineages derived from the ventral half of the neuroectoderm. *Dev Biol.* **179**, 41-64.

Brand, M., Jarman, A. P., Jan, L. Y. and Jan, Y. N. (1993). *asense* is a *Drosophila* neural precursor gene and is capable of initiating sense organ formation. *Development* **119**, 1-17.

Broadus, J., Skeath, J. B., Spana, E. P., Bossing, T., Technau, G. and Doe, C. Q. (1995). New neuroblast markers and the origin of the aCC/pCC neurons in the Drosophila central nervous system. *Mech Dev* **53**, 393-402.

Brody, T. and Odenwald, W. F. (2000). Programmed transformations in neuroblast gene expression during Drosophila CNS lineage development. *Dev Biol* **226**, 34-44.

Burglin, T. R. (1994). A *Caenorhabditis elegans prospero* homologue defines a novel domain. *Trends Biochem. Sci.* **19**, 70-71.

Bürglin, T. R. (1994). Guidebook to the Homeobox Genes. *Duboule D. , editor. Oxford: Oxford Univ. Press,* 25-72.

Campos-Ortega, J. and Hartenstein, V. (1997). The Embryonic Development of Drosophila melanogaster. *Berlin, New York: Springer-Verlag,Heidelberg.*

Campos-Ortega, J. A. (1995). Genetic mechanisms of early neurogenesis in *Drosophila melanogaster*. *Mol Neurobiol.* **10**, 75-89.

Campuzano, S. and Modolell, J. (1992). Patterning of the Drosophila nervous system: the achaete-scute gene complex. *Trends Genet.* **8**, 202-8.

Ceron, J., Gonzalez, C. and Tejedor, F. J. (2001). Patterns of cell division and expression of asymmetric cell fate determinants in postembryonic neuroblast lineages of *Drosophila*. *Dev Biol.* **230**, 125-38.

Ceron, J., Tejedor, F. J. and Moya, F. (2005). A primary cell culture of *Drosophila* postembryonic larval neuroblasts to study cell cycle and asymmetric division. *Eur J Cell Biol.* **85**, 567-75.

Chien, C. T., Wang, S., Rothenberg, M., Jan, L. Y. and Jan, Y. N. (1998). Numb-Associated Kinase Interacts with the Phosphotyrosine Binding Domain of Numb and Antagonizes the Function of Numb In Vivo. *Mol Cell Biol.* **18**, 598-607.

Chomczynski, P. and Sacchi, N. (1987). Single-step method of RNA isolation by acid guanidinium thiocyanate-phenol-chloroform extraction. *Anal. Biochem.* **162**, 156-9.

Chu-Lagraff, Q., Wright, D. M., McNeil, L. K. and Doe, C. Q. (1991). The *prospero* gene encodes a divergent homeodomain protein that controls neuronal identity in *Drosophila. Development* **Suppl 2**, 79-85.

Chu-Wang, I. W. and Axtell, R. C. (1972). Fine structure of the terminal organ of the house fly larva, *Musca domestica L. Z Zellforsch Mikrosk Anat.* **127**, 287-305.

Chu-Wang, I. W. and Axtell, R. C. (1972a). Fine structure of the ventral organ of the house fly larva, Musca domestica L. *Z Zellforsch Mikrosk Anat.* **130**, 489-95.

Clyne, P. J., Warr, C. G. and Carlson, J. R. (2000). Candidate taste receptors in *Drosophila. Science* **287**, 1830-4.

Clyne, P. J., Warr, C. G., Freeman, M. R., Lessing, D., Kim, J. and Carlson, J. R. (1999). A novel family of divergent seven-transmembrane proteins: candidate odorant receptors in *Drosophila. Neuron* **22**, 327-38.

Colonques, J., Ceron, J., Hammerle, B., Bello, B. and Tejedor, F. J. (2006). Minibrain regulates cell cycle exit of postembryonic CNS neurons. *11th European Drosophila neurobiology conference.*

Dang, C. V., Dolde, C., Gillison, M. L. and Kato, G. J. (1992). Discrimination Between Related DNA Sites by a Single Amino Acid Residue of Myc-Related Basic-Helix-Loop-Helix Proteins. *PNAS* **89**, 594-598.

Datar, S. A., Jacobs, H. W., de la Cruz, A. F., Lehner, C. F. and Edgar, B. A. (2000). The *Drosophila* cyclin D-Cdk4 complex promotes cellular growth. *EMBO J* **19**, 4543-54.

Davies, K. J. (2001). Degradation of oxidized proteins by the 20S proteasome. *Biochimie.* **83**, 301-10.

de Nooij, J. C., Letendre, M. A. and Hariharan, I. K. (1996). A cyclin-dependent kinase inhibitor, Dacapo, is necessary for timely exit from the cell cycle during Drosophila embryogenesis. *Cell* **87**, 1237-47.

Demidenko, Z., Badenhorst, P., Jones, T., Bi, X. and Mortin, M. A. (2001). Regulated nuclear export of the homeodomain transcription factor Prospero. *Development* **128**, 1359-67.

Dimova, D. K., Stevaux, O., Frolov, M. V. and Dyson, N. J. (2003). Cell cycle-dependent and cell cycle-independent control of transcription by the *Drosophila* E2F/RB pathway. *Genes Dev.* **17**, 2308-20.

Doe, C. Q. (1992). Molecular markers for identified neuroblasts and ganglion mother cells in the Drosophila central nervous system. *Development* **116**, 855-63.

Doe, C. Q., Chu-LaGraff, Q., Wright, D. M. and Scott, M. P. (1991). The prospero gene specifies cell fates in the Drosophila central nervous system. *Cell* **65**, 451-64.

Dunipace, L., Meister, S., McNealy, C. and Amrein, H. (2001). Spatially restricted expression of candidate taste receptors in the *Drosophila* gustatory system. *Curr Biol.* **11**, 822-35.

Duronio, R. J., Brook, A., Dyson, N. and O'Farrell, P. H. (1996). E2F-induced S phase requires cyclin E. *Genes & Development* **10**, 2505-13.

Dynlacht, B. D., Brook, A., Dembski, M., Yenush, L. and Dyson, N. (1994). DNA-binding and transactivation properties of *Drosophila* E2F and DP proteins. *Proc. Natl. Acad. Sci.* **91**, 6359-6363.

Dyson, N. (1998). The regulation of E2F by pRB-family proteins. *Genes & Dev.* **12**, 2245-2262.

Edenfeld, G., Stork, T. and Klambt, C. (2005). Neuron-glia interaction in the insect nervous system. *Curr Opin Neurobiol.* **15**, 39-4.

Eisen, M. B., Spellman, P. T., Brown, P. O. and Botstein, D. (1998). Cluster analysis and display of genome-wide expression patterns. *Proc Natl Acad Sci U S A.* **95**, 14863-8.

Emery, J. F. and Bier, E. (1995). Specificity of CNS and PNS regulatory subelements comprising pan-neural enhancers of the *deadpan* and *scratch* genes is achieved by repression. *Development* **121**, 3549-60.

Falk, R., Bleiser-Avivi, N. and Atidia, J. (1976). Labellar taste organs of *Drosophila melanogaster. J. Morphol* **150**, 327-41.

Fichelson, P. and Gho, M. (2003). The glial cell undergoes apoptosis in the microchaete lineage of *Drosophila. Development* **130**, 123-133.

Fichelson, P., Audibert, A., Simon, F. and Gho, M. (2005). Cell cycle and cell-fate determination in *Drosophila* neural cell lineages. *Trends Genet* **21**, 413-20.

Frederick, R. D. and Denell, R. E. (1982). Embryological origin of the antenno-maxillary complex of the larva of Drosophila melanogaster Meigen (Diptera: Drosophilidae). *Int J Insect Morphol Embryol* **11**, 227-233.

Freeman, M. R. and Doe, C. Q. (2001). Asymmetric Prospero localization is required to generate mixed neuronal/glial lineages in the Drosophila CNS. *Development.* **128**, 4103-12.

Frei, C., Galloni, M., Hafen, E. and Edgar, B. A. (2005). The *Drosophila* mitochondrial ribosomal protein mRpL12 is required for Cyclin D/Cdk4-driven growth. *The EMBO Journal* **24**, 623-634.

Friedman, J. and Xue, D. (2004). To live or die by the sword: the regulation of apoptosis by the proteasome. *Dev Cell.* **6**, 460-1.

Fujita, S. C., Zipursky, S.L., Benzer, S., Ferrus, A., Shotwell, S.L. (1982). Monoclonal antibodies against the *Drosophila* nervous system. *Proc Natl Acad Sci U S A.* **79**, 7929-33.

Gertler, F. B., Hill, K. K., Clark, M. J. and Hoffmann, F. M. (1993). Dosage-sensitive modifiers of Drosophila abl tyrosine kinase function: prospero, a regulator of axonal outgrowth, and disabled, a novel tyrosine kinase substrate. *Genes Dev* **7**, 441-53.

Gho, M., Bellaiche, Y. and Schweisguth, F. (1999). Revisiting the *Drosophila* microchaete lineage: a novel intrinsically asymmetric cell division generates a glial cell. *Development.* **126**, 3573-84.

Gho, M. and Schweisguth, F. (1998). Frizzled signalling controls orientation of asymmetric sense organ precursor cell divisions in *Drosophila. Nature* **393**, 178-81.

Ghysen, A. and Dambly-Chaudiere, C. (1989). Genesis of the Drosophila peripheral nervous system. *Trends Genet* **5**, 251-5.

Giniger, E. (1998). A role for Abl in Notch signaling. *Neuron* **20**, 667-81.

Giniger, E., Jan, L. Y. and Jan, Y. N. (1993). Specifying the path of the intersegmental nerve of the *Drosophila* embryo: a role for Delta and Notch. *Development* **117**, 431-40.

Girardot, F., Lasbleiz, C., Monnier, V. and Tricoire, H. (2006). Specific age-related signatures in *Drosophila* body parts transcriptome. *BMC Genomics.* **7**, 69.

Ginzinger, D. (2002). Gene quantification using real-time quantitative PCR: an emerging technology hits the mainstream. *Exp Hematol.* **30**, 503-12.

Glasgow, E. and Tomarev, S. I. (1998). Restricted expression of the homeobox gene prox 1 in developing zebrafish. *Mech Dev* **76**, 175-8.

Glickman, M. H. and Ciechanover, A. (2002). The ubiquitin-proteasome proteolytic pathway: destruction for the sake of construction. *Physiol Rev.* **82**, 373-428.

Goodman, C. S. and Doe, C. O. (1993). Embryonic development of the *Drosophila* central nervous system. *The Development of Drosophila melanogaster 2, Cold Spring Harbor Laboratory Press, New York*, 1131-1206.

Green, P. and Hartenstein, V. (1997). Structure and spatial pattern of the sensilla of the body segments of insect larvae. *Microsc Res Tech.* **39**, 470-8.

Griffiths, R. L. and Hidalgo, A. (2004). Prospero maintains the mitotic potential of glial precursors enabling them to respond to neurons. *EMBO J.* **23**, 2440-50.

Grosjean, Y., Balakireva, M., Dartevelle, L. and Ferveur, J. F. (2001). PGal4 excision reveals the pleiotropic effects of Voila, a Drosophila locus that affects development and courtship behaviour. *Genet Res.* **77**, 239-250.

Grosjean, Y., Lacaille, F., Acebes, A., Clemencet, J. and Ferveur, J. F. (2003). Taste, movement, and death: varying effects of new *prospero* mutants during *Drosophila* development. *J Neurobiol.* **55**, 1-13.

Guentchev, M. and McKay, R. D. (2006). Notch controls proliferation and differentiation of stem cells in a dose-dependent manner. *Eur J Neurosci.* **23**, 2289-96.

Guenin, L., Grosjean, Y., Fraichard, S., Acebes, A., Baba-Aissa, F. & Ferveur, J-F. Spatio-temporal expression of Prospero is finely tuned to allow the correct development and function of the nervous system in *Drosophila melanogaster. Dev. Biol.* (En révision).

Guo, M., Jan, L. Y. and Jan, Y. N. (1996). Control of daughter cell fates during asymmetric division: interaction of Numb and Notch. *Neuron* **17**, 27-41.

Guo, S., Brush, J., Teraoka, H., Goddard, A., Wilson, S. W., Mullins, M. C. and Rosenthal, A. (1999). Development of noradrenergic neurons in the zebrafish hindbrain requires BMP, FGF8, and the homeodomain protein soulless/Phox2a. *Neuron* **24**.

Hartenstein, V. (1993). Atlas of *drosophila* development. *Cold Spring Harbor Laboratory Press.*

Hartenstein, V. and Campos-Ortega, J. A. (1984). Early neurogenesis in wildtype Drosophila melanogaster. *Wilhelm Rouxs Arch Dev Biol* **193**, 308-325.

Hartenstein, V. and Posakony, J. W. (1989). Development of adult sensilla on the wing and notum of Drosophila melanogaster. *Development* **107**, 389-405.

Hartenstein, V. and Posakony, J. W. (1990). A dual function of the Notch gene in *Drosophila* sensillum development. *Dev Biol* **142**, 13-30.

Hassan, B., Li, L., Bremer, K. A., Chang, W., Pinsonneault, J. and Vaessin, H. (1997). Prospero is a panneural transcription factor that modulates homeodomain protein activity. *Proc Natl Acad Sci U S A.* **94**, 10991-6.

Hassan, B. A. and Bellen, H. J. (2000). Doing the MATH: is the mouse a good model for fly development? *Genes Dev.* **14**, 1852-65.

Hidalgo, A. and Booth, G. E. (2000). Glia dictate pioneer axon trajectories in the *Drosophila* embryonic CNS. *Development* **127**, 393-402.

Hirata, J., Nakagoshi, H., Nabeshima, Y. and Matsuzaki, F. (1995). Asymmetric segregation of the homeodomain protein Prospero during Drosophila development. *Nature* **377**, 627-30.

Horvitz, H. R. and Herskowitz, I. (1992). Mechanisms of asymmetric cell division: two Bs or not two Bs, that is the question. *cell* **68**, 237-55.

Hosoya, T., Takizawa, K., Nitta, K. and Hotta, Y. (1995). glial cells missing: a binary switch between neuronal and glial determination in Drosophila. *Cell* **82**, 1025-36.

Ikeshima-Kataoka, H., Skeath, J. B., Nabeshima, Y., Doe, C. Q. and Matsuzaki, F. (1997). Miranda directs Prospero to a daughter cell during Drosophila asymmetric divisions. *Nature* **390**, 625-9.

Ip, Y. T., Levine, M. and Bier, E. (1994). Neurogenic expression of *snail* is controlled by separable CNS and PNS promoter elements. *Development* 120, 199-207.

Isshiki, T., Pearson, B., Holbrook, S. and Doe, C. Q. (2001). *Drosophila* neuroblasts sequentially express transcription factors which specify the temporal identity of their neuronal progeny. *Cell* 106, 511-21.

Isshiki, T., Takeichi, M. and Nose, A. (1997). The role of the *msh* homeobox gene during *Drosophila* neurogenesis: implication for the dorsoventral specification of the neuroectoderm. *Development* 124, 3099-109.

Jan, Y. N. and Jan, L. Y. (1993). The peripheral nervous system. In: Bate, M. and Martinez-Arias, A., Editors, 1993. *The Development of Drosophila melanogaster vol. I, Cold Spring Harbor Laboratory Press, New York,*, 1207-1244.

Jan, Y. N. and Jan, L. Y. (1998). Asymmetric cell division. *Nature* 392, 775-778.

Jeffery, W. R., Strickler, A., Guiney, S., Heyser, D. and Tomarev, S. I. (2000). Prox-1 in eye degeneration and sensory organ compensation during development and evolution of the cavefish Astyanax. *Dev Genes Evol* 210, 223-230.

Jimenez, F. and Campos-Ortega, J. A. (1990). Defective neuroblast commitment in mutants of the *achaete-scute* complex and adjacent genes of *D. melanogaster. Neuron* 5, 81-9.

Jones, B. W., Fetter, R. D., Tear, G. and Goodman, C. S. (1995). glial cells missing: a genetic switch that controls glial versus neuronal fate. *Cell* 82, 1013-23.

Kaufmann, N., Wills, Z. P. and Van Vactor, D. (1998). *Drosophila* Rac1 controls motor axon guidance. *Development* 125, 453-61.

Klambt, C. (1993). The *Drosophila* gene *pointed* encodes two ETS-like proteins which are involved in the development of the midline glial cells. *Development* 117, 163-76.

Klambt, C., Hummel, T., Granderath, S. and Schimmelpfeng, K. (2001). Glial cell development in Drosophila. *Int J Dev Neurosci.* 19, 373-8.

Klämbt, C., Jacobs, J. R. and Goodman, C. S. (1991). The midline of the *Drosophila* central nervous system: a model for the genetic analysis of cell fate, cell migration, and growth cone guidance. *cell* 64, 801-15.

Knoblich, J. A., Jan, L. Y. and Jan, Y. N. (1995). Asymmetric segregation of Numb and Prospero during cell division. *Nature* 377, 324-7.

Komeili, A. and O'Shea, E. K. (2001). New perspectives on nuclear transport. *Annu Rev Genet.* 35, 341-64.

Kopan, R. (2002). Notch: a membrane-bound transcription factor. *J Cell Sci.* 115, 1095-7.

Kroemer, G. and Reed, J. C. (2000). Mitochondrial control of cell death. *Nat Med* 6, 513-519.

Lane, M. E., Sauer, K., Wallace, K., Jan, Y. N., Lehner, C. F. and Vaessin, H. (1996). Lane ME, Sauer K, Wallace K, Jan YN, Lehner CF, Vaessin H. *Cell* 87, 1225-35.

Li, L. and Vaessin, H. (2000). Pan-neural Prospero terminates cell proliferation during Drosophila neurogenesis. *Genes Dev.* 14, 147-151.

Lindsley, D. L. and Zimm, G. G. (1992). The Genome of Drosophila melanogaster. *Academic Press, Inc.*

Liu, T. H., Li, L. and Vaessin, H. (2002). Transcription of the Drosophila CKI gene dacapo is regulated by a modular array of cis-regulatory sequences. *Mech Dev.* 112, 25-36.

Manning, L. and Doe, C. Q. (1999). Prospero distinguishes sibling cell fate without asymmetric localization in the *Drosophila* adult external sense organ lineage. *Development.* 126, 2063-71.

Marsh, J. L. and Thompson, L. M. (2004). Can flies help humans treat neurodegenerative diseases? *Bioessays* 26, 485-96.

Matsuura, R., Tanaka, H. and Go, M. J. (2004). Distinct functions of Rac1 and Cdc42 during axon guidance and growth cone morphogenesis in *Drosophila. Eur J Neurosci.* 19, 21-31.

Matsuzaki, F., Koizumi, K., Hama, C., Yoshioka, T. and Nabeshima, Y. (1992). Cloning of the *Drosophila prospero* gene and its expression in ganglion mother cells. *Biochem Biophys Res Commun.* 182, 1326-32.

Meinkoth, J. and Wahl, G. (1984). Hybridization of nucleic acids immobilized on solid supports. *Anal Biochem.* 138, 267-84.

Meyer, C. A., Jacobs, H. W., Du, W., Edgar, B. A. and al., e. (2000). *Drosophila* Cdk4 is required for normal growth and is dispensable for cell cycle progression. *EMBO J* 19, 4533-4542.

Miura, H., Kusakabe, Y., Kato, H., Miura-Ohnuma, J., Tagami, M., Ninomiya, Y. and Hino, A. (2003). Co-expression pattern of *Shh* with *Prox1* and that of *Nkx2.2* with *Mash1* in mouse taste bud. *Gene Expr Patterns.* 3, 427-30.

Murre, C., McCaw, P. S., Vaessin, H., Caudy, M., Jan, L. Y., Jan, Y. N., Cabrera, C. V., Buskin, J. N., Hauschka, S. D., Lassar, A. B. et al. (1989). Interactions between heterologous helix-loop-helix proteins generate complexes that bind specifically to a common DNA sequence. *Cell* 58, 537-44.

Nayak, S. V. and Singh, R. N. (1983). Sensilla on the tarsal segments and the mouthparts of adult *Drosophila melanogaster. Int. J. Insect Morphol. Embryol.* 12, 273-291.

Nusslein-Volhard, C. and Wieschaus, E. (1980). Mutations affecting segment number and polarity in *Drosophila. Nature* 287, 795-801.

Odenwald, W. F. (2005). Changing fates on the road to neuronal diversity. *Dev Cell.* **8**, 133-4.

Ohnuma, S., Philpott, A. and Harris, W. A. (2001). Cell cycle and cell fate in the nervous system. *Curr Opin Neurobiol.* **11**, 66-73.

Oliver, G., Sosa-Pineda, B., Geisendorf, S., Spana, E. P., Doe, C. Q. and Gruss, P. (1993). *Prox 1,* a *prospero*-related homeobox gene expressed during mouse development. *Mech Dev* **44**, 3-16.

Oppliger, F. Y., Guerin, P. M. and Vlimant, M. (2000). Neurophysiological and behavioural evidence for an olfactory function for the dorsal organ and a gustatory one for the terminal organ in Drosophila melanogaster larvae. *J Insect Physiol* **46**, 135-144.

Orgogozo, V., Schweisguth, F. and Bellaiche, Y. (2001). Lineage, cell polarity and inscuteable function in the peripheral nervous system of the Drosophila embryo. *Development* **128**, 631-43.

Otake, L. R., Scamborova, P., Hashimoto, C. and Steitz, J. A. (2002). The divergent U12-type spliceosome is required for pre-mRNA splicing and is essential for development in *Drosophila. Mol Cell* **9**, 439-46.

Pattyn, A., Goridis, C. and Brunet, J. F. (2000a). Specification of the central noradrenergic phenotype by the homeobox gene Phox2b. *Mol Cell Neurosci* **15**, 235-43.

Pattyn, A., Hirsch, M., Goridis, C. and Brunet, J. F. (2000b). Control of hindbrain motor neuron differentiation by the homeobox gene Phox2b. *Development* **127**, 1349-58.

Peterson, C., Carney, G. E., Taylor, B. J. and White, K. (2002). *reaper* is required for neuroblast apoptosis during *Drosophila* development. *Development* **129**, 1467-76.

Posakony, J. W. (1994). Nature versus nurture: asymmetric cell divisions in *Drosophila* bristle development. *cell* **76**, 415-8.

Puri, P. L. and Sartorelli, V. (2000). Regulation of muscle regulatory factors by DNA-binding, interacting proteins, and post-transcriptional modifications. *J Cell Physiol.* **185**, 155-73.

Reddy, G. V. and Rodrigues, V. (1999a). A glial cell arises from an additional division within the mechanosensory lineage during development of the microchaete on the *Drosophila* notum. *Development.* **126**, 4617-22.

Reddy, G. V. and Rodrigues, V. (1999b). Sibling cell fate in the Drosophila adult external sense organ lineage is specified by prospero function, which is regulated by Numb and Notch. *Development.* **126**, 2083-92.

Reinheckel, T., Sitte, N., Ullrich, O., Kuckelkorn, U., Davies, K. J. and Grune, T. (1998). Comparative resistance of the 20S and 26S proteasome to oxidative stress. *Biochem J.* **335**, 637-42.

Reiter, L. T., Potocki, L., Chien, S., Gribskov, M. and Bier, E. (2001). A systematic analysis of human disease-associated gene sequences in Drosophila melanogaster. *Genome Res.* **11**, 1114-25.

Rhyu, M. S., Jan, L. Y. and Jan, Y. N. (1994). Asymmetric distribution of Numb protein during division of the sensory organ precursor cell confers distinct fates to daughter cells. *Cell* **76**, 477-91.

Royzman, I., Whittaker, A. J. and Orr-Weaver, T. L. (1997). Mutations in *Drosophila DP* and *E2F* distinguish G1-S progression from an associated transcriptional program. *Genes & Development* **11**, 1999-2011.

Salzberg, A., D'Evelyn, D., Schulze, K. L., Lee, J. K., Strumpf, D., Tsai, L. and Bellen, H. J. (1994). Mutations affecting the pattern of the PNS in *Drosophila* reveal novel aspects of neuronal development. *Neuron* **13**, 269-87.

Sambrook, J., Fritsch, E. F. and Maniatis, T. (1989). Molecular Cloning: A laboratory manual. *New York: Cold Spring Harbor Laboratory Press.*

Scamborova, P., Wong, A. and Steitz, J. A. (2004). An intronic enhancer regulates splicing of the twintron of Drosophila melanogaster prospero pre-mRNA by two different spliceosomes. *Mol Cell Biol* **24**, 1855-69.

Schmidt, H., Rickert, C., Bossing, T., Vef, O., Urban, J. and Technau, G. M. (1997). The embryonic central nervous system lineages of Drosophila melanogaster. II. Neuroblast lineages derived from the dorsal part of the neuroectoderm. *Dev Biol.* **189**, 186-204.

Schweisguth, F. and Posakony, J. W. (1994). Antagonistic activities of Suppressor of Hairless and Hairless control alternative cell fates in the Drosophila adult epidermis. *Development* **120**, 1433-41.

Scott, K., Brady, R. J., Cravchik, A., Morozov, P., Rzhetsky, A., Zuker, C. and Axel, R. (2001). A chemosensory gene family encoding candidate gustatory and olfactory receptors in *Drosophila. cell* **104**, 661-73.

Seeger, M., Tear, G., Ferres-Marco, D. and Goodman, C. S. (1993). Mutations affecting growth cone guidance in drosophila: Genes necessary for guidance toward or away from the midline. *Neuron* **10**, 409-426.

Sepp, K. J., Schulte, J. and Auld, V. J. (2000). Developmental dynamics of peripheral glia in *Drosophila melanogaster. Glia.* **30**, 122-33.

Sharma, Y., Cheung, U., Larsen, E. W. and Eberl, D. F. (2002). pPTGAL, a convenient Gal4 P-element vector for testing expression of enhancer fragments in Drosophila. *genesis* **34**, 115-118.

Shen, C. P., Jan, L. Y. and Jan, Y. N. (1997). Miranda is required for the asymmetric localization of prospero during mitosis in Drosophila. *Cell* **90**, 449-458.

Shen, C. P., Knoblich, J. A., Chan, Y. M., Jiang, M. M., Jan, L. Y. and Jan, Y. N. (1998). Miranda as a multidomain adapter linking apically localized Inscuteable and basally localized Staufen and Prospero during asymmetric cell division in Drosophila. *Genes Dev.* **12**, 1837-46.

181

Shepherd, D. and Smith, S. A. (1996). Central projections of persistent larval sensory neurons prefigure adult sensory pathways in the CNS of Drosophila. *Development* **122**, 2375-84.

Singh, R. N. and Singh, K. (1984). Fine structure of the sensory organs of Drosophila melanogaster Meigen larva (Diptera: Drosophilidae). *Int J Insect Morphol Embryol* **13**, 255-273.

Skeath, J. B. and Carroll, S. B. (1992). Regulation of proneural gene expression and cell fate during neuroblast segregation in the *Drosophila* embryo. *Development* **114**, 939-946.

Skeath, J. B., Panganiban, G. F. and Carroll, S. B. (1994). The ventral nervous system *defective* gene controls proneural gene expression at two distinct steps during neuroblast formation in *Drosophila*. *Development* **120**, 1517-24.

Skeath, J. B. and Thor, S. (2003). Genetic control of *Drosophila* nerve cord development. *Curr Opin Neurobiol.* **13**, 8-15.

Spana, E. P. and Doe, C. Q. (1995). The prospero transcription factor is asymmetrically localized to the cell cortex during neuroblast mitosis in Drosophila. *Development.* **121**, 3187-95.

Srinivasan, S., Peng, C. Y., Nair, S., Skeath, J. B., Spana, E. P. and Doe, C. Q. (1998). Biochemical analysis of ++Prospero protein during asymmetric cell division: cortical Prospero is highly phosphorylated relative to nuclear Prospero. *Dev Biol* **204**, 478-87.

Stocker, R. F. (1994). The organization of the chemosensory system in Drosophila melanogaster: a review. *Cell Tissue Res.* **275**, 3-26.

Sullivan, W., Ashburner, M. and Hawley, R. S. (2000). Drosophila protocols. *New York: Cold Spring Harbor Laboratory Press.*

Tissot, M., Gendre, N., Hawken , A., Stortkuhl, K. F. and Stocker, R. F. (1997). Larval chemosensory projections and invasion of adult afferents in the antennal lobe of Drosophila. *J Neurobiol.* **32**, 281-97.

Tissot, M. and Stocker, R. F. (2000). Metamorphosis in drosophila and other insects: the fate of neurons throughout the stages. *Prog Neurobiol.* **62**, 89-111.

Tix, S., Minden, J. S. and Technau, G. M. (1989). Pre-existing neuronal pathways in the developing optic lobes of Drosophila. *Development* **105**, 739-46.

Tomarev, S. I., Sundin, O., Banerjee-Basu, S., Duncan, M. K., Yang, J. M. and Piatigorsky, J. (1996). Chicken homeobox gene *Prox 1* related to *Drosophila prospero* is expressed in the developing lens and retina. *Dev Dyn.* **206**, 354-67.

Tomarev, S. I., Zinovieva, R. D., Chang, B. and Hawes, N. L. (1998). Characterization of the mouse Prox1 gene. *Biochem Biophys Res Commun* **248**, 684-9.

Torii, M.-A., Matsuzaki, F., Osumi, N., Kaibuchi, K., Nakamura, S., Casarosa, S., Guillemot, F. and Nakafuku, M. (1999). Transcription factors Mash-1 and Prox-1 delineate early steps in differenciation of neural stem cells in the developing central nervous system. *Development* **126**, 443-456.

Trimarchi, J. M. and Lees, J. A. (2002). Sibling rivalry in the E2F family. *Nat. Rev. Mol. Cell. Biol.* **3**, 11-20.

Truman, J. W. and Bate, M. (1988). Spatial and temporal patterns of neurogenesis in the central nervous system of *Drosophila melanogaster*. *Dev Biol* **125**, 145-57.

Tselykh, T. V., Roos, C. and Heino, T. I. (2005). The mitochondrial ribosome-specific MrpL55 protein is essential in *Drosophila* and dynamically required during development. *Exp Cell Res.* **307**, 354-66.

Udolph, G., Luer, K., Bossing, T. and Technau, G. M. (1995). Commitment of CNS progenitors along the dorsoventral axis of *Drosophila* neuroectoderm. *Science* **269**, 1278-81.

Udolph, G., Urban, J., Rusing, G., Luer, K. and Technau, G. M. (1998). Differential effects of EGF receptor signalling on neuroblast lineages along the dorsoventral axis of the *Drosophila* CNS. *Development* **125**, 3291-9.

Vaessin, H., Grell, E., Wolff, E., Bier, E., Jan, L. Y. and Jan, Y. N. (1991). prospero is expressed in neuronal precursors and encodes a nuclear protein that is involved in the control of axonal outgrowth in Drosophila. *cell* **67**, 941-953.

Van Doren, M., Ellis, H. M. and Posakony, J. W. (1991). The Drosophila extramacrochaetae protein antagonizes sequence-specific DNA binding by daughterless/achaete-scute protein complexes. *Development* **113**, 245-55.

Wallace, K., Liu, T. H. and Vaessin, H. (2000). The pan-neural bHLH proteins DEADPAN and ASENSE regulate mitotic activity and cdk inhibitor dacapo expression in the Drosophila larval optic lobes. *Genesis* **26**, 77-85.

Wang, S., Younger-Shepherd, S., Jan, L. Y. and Jan, Y. N. (1997). Only a subset of the binary cell fate decisions mediated by Numb/Notch signaling in Drosophila sensory organ lineage requires Suppressor of Hairless. *Development* **124**, 4465-46.

White, K., Grether, M. E., Abrams, J. M., Young, L., Farrell, K. and Steller, H. (1994). Genetic control of programmed cell death in *Drosophila*. *Science* **264**, 677-83.

Wigle, J. T., Chowdhury, K., Gruss, P. and Oliver, G. (1999). Prox1 function is crucial for mouse lens-fibre elongation. *Nat Genet.* **21**, 318-22.

Williams, D. W. and Shepherd, D. (1999). Persistent larval sensory neurons in adult Drosophila melanogaster. *J Neurobiol.* **39**, 275-86.

Wojcik, C. and DeMartino, G. N. (2002). Analysis of *Drosophila* 26 S proteasome using RNA interference. *J Biol Chem.* **277**, 6188-97.

Xu, C., Kauffmann, R. C., Zhang, J., Kladny, S. and Carthew, R. W. (2000). Overlapping activators and repressors delimit transcriptional response to receptor tyrosine kinase signals in the Drosophila eye. *Cell.* **103**, 87-97.

Ye, Y. and Fortini, M. E. (2000). Proteolysis and developmental signal transduction. *Semin Cell Dev Biol.* **11**, 211-21.

Yu, F., Kuo, C. T. and Jan, Y. N. (2006). *Drosophila* neuroblast asymmetric cell division: recent advances and implications for stem cell biology. *Neuron* **51**, 13-20.

Zeeberg, B. R., Feng, W., Wang, G., Wang, M. D., Fojo, A. T., Sunshine, M., Narasimhan, S., Kane, D. W., Reinhold, W. C., Lababidi, S. et al. (2003). GoMiner: a resource for biological interpretation of genomic and proteomic data. *Genome Biol.* **4**, R28.

Zinovieva, R. D., Duncana, M. K., Johnson, T. R., Torresb, R., Polymeropoulosb, M. H. and Tomarev, S. I. (1996). Structure and Chromosomal Localization of the Human Homeobox Gene *Prox 1. Genomics* **35**, 517-522.

Chez *Drosophila melanogaster*, le gène pan-neural *prospero* (*pros*), code un facteur de transcription impliqué dans plusieurs processus de la neurogenèse, incluant le contrôle du cycle cellulaire, la croissance axonale et la différenciation des cellules neuronales et gliales.

Dans notre laboratoire nous disposons de lignées d'excisions *pros*^{V}, créés par insertion puis remobilisation d'un transposon PGal4, en amont du site d'initiation de la transcription de *pros* et qui présentent des altérations plus ou moins sévères de la viabilité et de la réponse gustative larvaire.
Le rôle de Prospero dans le développement du système nerveux (SN) larvaire et plus spécifiquement dans le complexe antenno-maxilaire (AMC), impliqué dans la perception gustative larvaire, n'a jamais été étudié.

Dans le but de mieux de cerner la relation entre le gène *prospero* et les anomalies phénotypiques observées, nous avons analysé le SN d'un certain nombre de ces lignées *pros*^{V}, à l'aide d'approches quantitatives, immuno-histo-chimique et pan-génomique. Le système nerveux central (SNC) et l'AMC ont été étudiés à deux stades différents du développement : embryonnaire et larvaire. Nous avons ainsi établi que le niveau des deux transcrits majeurs *pros-S* et *pros-L* était modifié différemment en fonction des variants *pros*^{V}, du stade de développement et de la région du SN analysée. Dans ces lignées, le niveau de transcrit *pros* peut augmenter ou diminuer de façon indépendante dans le système nerveux central ou périphérique. De plus ces variations induisent, selon la région du système nerveux analysée ou le stade de développement où elles s'expriment, des modifications distinctes des projections axonales, de l'activité mitotique et apoptotique, et enfin de la différenciation des cellules gliales ou neuronales. Ces résultats suggèrent que l'expression de *pros* et l'abondance de chaque transcrit doivent être régulées de manière fine au cours du développement.
De façon plus spécifique, nous avons montré que dans l'AMC, la sous-expression du niveau de *pros* entraîne des modifications du guidage axonal, de la composition cellulaire et de la fonction de certaines cellules neuronales. L'analyse sur puces à ADN a indiqué que dans cette région, *pros* régulait l'expression de gènes impliqués dans la croissance axonale, la transmission synaptique ou la spécification du lignage des cellules précurseurs de l'organe sensoriel. La présence d'un motif de fixation aux protéines de type bHLH dans certains de ces gènes, suggère qu'ils pourraient être des cibles directes de Pros. De plus notre étude pan-génomique a permis l'identification d'un groupe de gènes liés à l'expression de *pros* et dont la fonction principale est la transduction du signal. Parmi eux figurent des gènes codant pour des récepteurs couplés aux protéines G, dont la structure rappelle celle des récepteurs gustatifs.
Finalement la dissection d'une partie de la région du promoteur de *pros* nous a permis d'identifier des séquences cis-régulatrices, capables de d'activer ou de réprimer son expression dans des régions spécifique du SN embryonnaire, larvaire ou adulte. De façon intéressante l'une de ces séquences dirigerait l'expression de *pros* dans l'AMC et les neurones gustatifs adultes. L'ensemble de ces résultats renforce l'hypothèse selon laquelle Pros serait requis dans les mécanismes de spécification de ces neurones.